U0256825

GREEN URBANIZATION

绿色城镇化战略
理论与实践

张 燕／著

社会科学文献出版社
SOCIAL SCIENCES ACADEMIC PRESS (CHINA)

序　言

2014 年 7 月，联合国经济和社会事务部（Department of Economic and Social Affairs，United Nations）发布的《世界城镇化展望 2014》（*World Urbanization Prospects 2014 Revision*）显示，在全球范围内越来越多的人口生活在城市，1950 年全世界城市居民仅占 29.6%，到 2014 年已达到 53.6%，预计到 2050 年会有 66.4% 的世界人口居住在城市。从区域范围看，2014 年城镇化率较高的有北美洲（81.5%）、拉丁美洲和加勒比地区（79.5%）以及欧洲（73.4%）；相比之下，非洲和亚洲的农村居民仍占多数，分别只有 40.0%、47.5% 的人口居住在城市。亚洲和非洲未来的城镇化空间较大，预计 2050 年两洲的城市居民将分别达到 55.9% 和 64.2%。与此同时，在 21 世纪，随着城镇化的不断推进，全球资源和生态环境约束将持续加大。显然，积极推进全球城市治理，促进城镇地区健康发展已经成为 21 世纪全球面临的重要任务之一。其中，全球快速城镇化下的资源环境问题特别是发展中国家资源短缺和环境恶化无疑是全球城市治理需要关注的重点。

改革开放以来，中国城镇化率从 1978 年的 17.9% 提高到 2014 年的 54.8%，目前已超过世界城镇化平均水平。但应该看到的是，过去中国快速城镇化是建立在高消耗和高排放基础之上的，例如，中国能源消费占世界能源消费比重持续提高，到 2014 年中国能源消费总量已占到了全球的 23%，其中煤炭消费量占全球消费总量的 50.6%，石油消费量占全球消费量的 12.4%；高消耗导致大量污染物的排放，近年来我国大部分城镇化密集区域出现的雾霾天气正是高污染的真实写照。

2014 年 3 月，中共中央、国务院印发《国家新型城镇化规划（2014～2020 年）》，其中明确指出要"加快绿色城市建设"，"将生态文明理念全面融入城市发展，构建绿色生产方式、生活方式和消费模式"。2015 年 3 月 24 日，中央政治局会议上首次提出"协同推进新型工业化、城镇化、信息化、农业现代化和绿色化"，将"绿色发展"提到中央战略层面；随后，4 月 25 日，正式公开发布的《中共中央国务院关于加快推进生态文明建设的意见》中，明确指出要"大力推进绿色城镇化"，将"绿色城镇化"作为全面推进生态文明建设的重要任务之一。显然，在中国"绿色城镇化"是一个具有很强时代色彩的战略命题和研究课题。

从学术研究上看，近年来国内外学术界对城镇化进程中的环境问题日益关注，可谓方兴未艾。国际社会较多关注城镇化与气候变化的关系、大城市的资源环境问题，以及关于田园城市、生态城市、低碳城市和绿色城市等先进城市发展模式的探讨；国内学术界则更加聚焦对中国城市环境问题的揭露以及粗放型城镇化模式转型的探讨。总体上，围绕城镇化对环境影响的研究多现象描述和发展路径分析，而对于城镇化环境影响的机理研究成果还不多，围绕绿色城镇化战略、绿色城市建设、绿色城市群发展以及绿色治理等议题的讨论也刚刚起步。

张燕博士撰写的《绿色城镇化战略：理论与实践》一书，一方面，尝试探究城镇化对环境影响的作用机制，构建了城镇化环境效应的机理模型，提出了城镇化环境驼峰效应的假说，为绿色城镇化实践提供了必要的理论支撑，具有一定的学术研究价值，值得鼓励；另一方面，就推进中国绿色城镇化战略进行了深入思考，包括绿色城镇化和绿色城市的基本内涵、绿色城市建设和城市群绿色发展的总体思路、构建城镇化绿色治理体系的建议等，对当前中国推进生态文明建设和新型城镇化战略具有较好的参考价值。

关于绿色城镇化的理论与实践研究是一项长期性工作，希望本书的出版有助于进一步推动相关问题的讨论和研究，同时也希望张燕博士能够在相关领域继续深化研究，积累更多有益的成果，为学术进步和国家发展多做贡献。

中国社会科学院农村发展研究所　所长　研究员　博士生导师

魏后凯

2015 年 10 月 15 日于北京

目　录

绪论篇
绿色城镇化研究的必要性与分析框架

第一章　研究背景与研究内容

绿色城镇化是一个时代色彩很浓的研究话题。当前全球特别是发展中国家正在经历快速城镇化进程，城镇化带来的生态环境影响是多方面的，其中人居生态环境恶化已经直接影响人们的身心健康以及人类生存和发展的大计，因此国内外学者开始关注城镇化环境问题研究。特别是在中国，过去粗放型的快速城镇化带来的环境问题尤为突出。当前既要丰富以城镇化环境效应为重点的绿色城镇化理论研究，也要深化绿色城镇化的实证研究，为开创中国社会主义生态文明新时代、推进国家绿色发展与繁荣做研究准备和支撑。本章就研究的必要性、研究意义、研究重点、研究方法和全书的篇章框架做一个简要介绍。

一　研究必要性及意义

在全球范围内，随着气候变化及其他各种环境问题越来越突出，基于各个层面对环境变化的理论与案例研究方兴未艾。其中，城镇化进程是环境变化的重要驱动力量。从全球城镇化经验来看，城镇化进程引起生态环境系统的巨大变化最终导致资源环境的约束力不断加大。第三世界国家人口正以前所未有的速度向城市中心地转移，预测显示，未来均衡的城镇化率接近85%①，到2030年，全世界将近2/3的人口将生活在城镇，由此将带来空气污染、交通拥挤、城市热岛效应、气候变化等一

---

① Kelley A. and Williamson J., 1984: Population Growth, Industrial Revolutions, and the Urban Transition, *Population and Development Review*, Vol. 10, No. 3.

系列环境问题，这些问题将在发展中国家尤为突出。[①] 为此，人们越来越关注城镇化对环境造成的影响，一方面强调要吸取过去城镇化对环境造成破坏性影响的教训，以警示未来；另一方面，试图探求有利于环境良性演变的可持续城镇化模式。近年来，城镇化对环境变化的研究也开始得到国内外学术界的重视与推动。

在中国，改革开放以来城镇化率从1978年的17.92%提高到2014年的54.77%，36年间城镇化率提高了36.85%，平均每年提高1.02个百分点，其中1996~2014年平均每年提高1.35个百分点，中国进入城镇化快速推进时期。预计未来中国城镇化率年均提高0.8~1.0个百分点，到2030年达到65%左右[②]，到2050年为75%，基本完成城镇化建设任务[③]。与此同时，城镇地区经济发展已成为支撑中国经济高速增长的重要引擎。2013年，仅全国290个地级以上城市市辖区实现生产总值36.3万亿元，占到全国的63.9%。但是应该看到，长期以来中国经济的高速增长是建立在以高消耗、高排放为特征的粗放型城镇化基础之上的[④]，这种传统模式下的城镇化付出了巨大的自然环境牺牲代价。正如，时任中国建设部副部长仇保兴指出，单从城市环境角度看，当前中国城市发展面临的环境挑战至少包括以下几方面：土地和水资源稀缺度加大，人地矛盾尖锐；能源存量结构失衡严重，城市建设能耗过快增长；机动化和城镇化同步推进，城市蔓延势头强劲；城镇化驱动力失调，污染排放一定程度上失控；自然及历史文化遗产不同程度受到破坏等。[⑤] 可见，中国城镇化的环境问题已经严重影响地区和城市生态环境以及人居健康生活。大量增长的城镇人口及其消费需求与有限的资源、能源和环境容量之间日益加剧的矛盾，将成为未来中国可持续城镇化的瓶颈。为此，基于中国城镇化

① McMichael A. J. 2000：The Urban Environment and Health in a World of Increasing Globaliza-tion：Issues for Developing Countries. Report for *Bulletin of the World Health Organization*, Vol. 78, No. 9.
② 魏后凯：《加速转型中的中国城镇化与城市发展》，载潘家华、魏后凯主编《中国城市发展报告 NO.3》，社会科学文献出版社，2010。
③ 刘勇：《中国城镇化发展的历程、问题和趋势》，《经济与管理研究》2011年第3期。
④ 魏后凯：《论中国城市转型战略》，《城市与区域规划研究》2011年第1期。
⑤ 仇保兴观点，载于郭红燕、刘民权：《"贸易、城市化与环境——环境与发展"国际研讨会综述》，《经济科学》2009年第6期。

环境质量影响的基本国情，在现有研究的基础上，进一步探究城镇化环境效应的一般规律，从环境演变角度提出绿色城镇化战略思考，可为中国城镇化战略转型提供决策参考，同时也为全球城镇化健康有序推进提供理论支撑和战略参考。

应该说，城镇化环境问题研究属于跨学科范畴，需要得到城市与区域经济学、人口资源与环境经济学、生态学、可持续发展学、统计学与计量经济学等相关学科的基础理论支撑。因此，本书将从经典的学科理论出发，在现有研究的基础上，深入分析城镇化对环境变化的作用机理，并着重对城镇化的环境效应演变趋势予以推导，以期为该领域的理论研究做一点努力，并为今后的进一步研究积累经验，具有理论意义。当然，在城镇化环境效应理论分析的基础上，以中国城镇化的环境变化为研究案例，意在以环境效应为切入点来探究中国新型的城镇化模式，相信对推进中国绿色城镇化实践具有一定的参考价值。特别是针对中国城镇化绿色转型的迫切需要，按照生态文明建设和新型城镇化的战略要求，探究性地提出在中国推进实施绿色城镇化战略、加快建设绿色城市、促进城市群绿色发展以及构建城镇化绿色治理体系等相关的观点、思路、对策思考均具有重要的现实意义。

二　城镇化环境效应研究的黑箱

从逻辑上看，首先，研究城镇化环境效应必须清楚"三个基本面"：一是城镇化对环境带来哪些环境系统或领域的影响（如大气、水、土壤、生物等）；二是环境变化的反应方式（如物理效应、化学效应等）；三是城镇化对环境影响的作用结果，包括环境正效应（环境建设及其环境系统优化等）和环境负效应（如环境污染和生态破坏等）。这也是目前大家关注和思考较多的几个主要方面。其次，必须深入探究"两条主线"：一是城镇化影响环境系统变化的作用机理；二是城镇化驱动环境系统变化的可循规律或动态变化趋势。

从现有研究看，围绕"环境问题"，从环境影响领域、反应方式和影响结果等角度展开了大量的研究和讨论，相关的基本概念和观点逐渐形成共识，特别是针对城镇化进程中环境问题的案例研究较多。相比之下，城镇化对环境系统影响的作用机理和该机理下环境效应变化的趋向仍处于"黑箱"阶段（见图1-1）。因此，现阶段要探索城镇化与自然环境之间的协调发展关系，迫切需要结合跨学科的理论知识，根据理论分析与实证经验，从经济学及人地关系的角度探究城镇化对环境影响的一般规律，即开展城镇化环境效应机理及其变化趋势的研究，特别是对总结中国过去的粗放城镇化模式和展望未来可持续城镇化具有理论指导和支撑价值。为此，本研究将理论研究聚焦的主线和重点定格在城镇化环境效应的形成机理及其变化趋势上，应该说该部分研究结论是城镇化环境问题研究的逻辑起点和"脑体"部分，也直接为提出中国绿色城镇化的战略思考提供理论支撑。

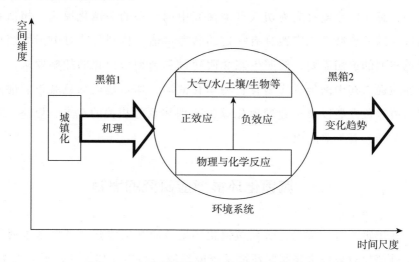

图1-1　现阶段城镇化环境效应研究的"黑箱"

三　研究方法

围绕绿色城镇化的理论与实践，本研究侧重理论分析和理论框架下的中国案例实证研究，在具体研究过程中采取定性、规范研究和定量、实证研究有机结合的方式。具体有以下几方面。

一是理论整合、推理和逻辑演绎相结合。以城市和区域经济理论、城镇化理论、可持续发展理论等学科知识为基础，充分结合经济最优化等方法论思想，归纳城镇化与环境研究的一般逻辑框架与方法。通过逻辑推理，探索性地构建了城镇化环境效应的机理模型，并在分析城镇化进程中环境效应影响因子的基础上，推演城镇化环境驼峰效应的存在性。

二是定性分析与定量分析相结合。在定性研究方面：首先，在现有研究基础上，对城镇化、环境系统、环境效应以及城镇化环境效应的概念、分类和属性进行梳理；其次，对城镇化环境驼峰效应的概念和最优化进行定性描述；最后，对绿色城镇化、绿色城市等概念内涵进行诠释。在定量分析方面，主要通过统计描述、计量模型推导完成中国城镇化环境效应的现状分析和城镇化环境效应机理模型、驼峰效应的实证检验以及生态效率测度预警等。

三是跨学科研究方法的综合运用。充分借鉴管理学和系统动力学的基本思想，构建了城镇化环境效应机理模型，并提出"后城镇化"时期不完全耗散结构的概念。应用数量经济学、计量经济学、空间分析等方法，做相关模型推导、计量检验等。另外，基于动态分析方法，推导环境驼峰效应，并根据环境驼峰效应对城镇化环境风险进行预测。

四是加强战略和政策顶层设计研究。在城镇化环境效应理论和中国现状分析的基础上，结合国家层面生态文明建设和新型城镇化战略导向，探索性地提出绿色城镇化战略，同时系统阐述了绿色城镇化、绿色城市的基本内涵，指出推进城镇化绿色转型以及绿色城市建设和城市群绿色发展的总体思路、重点任务等，并倡导加快建立健全城镇化绿色治理体系。

四　研究框架

在研究思路上，本研究总体遵循"问题提出—理论分析—现象揭示—风险预警——战略设计—研究展望"的基本路线，全书具体分为五个篇章（见图 1-2）。

第一篇为绪论篇，即第一章，主要介绍本研究选题的来源和背景；确定研究的主线和拟解决的问题，并对研究方法和思路做一个简要的总揽介绍。

　　第二篇为理论篇，系统提出城镇化环境效应机理理论，涉及第二章、第三章和第四章内容。其中，第二章内容为文献综述，旨在简要综述城镇化综合效应的基础上，重点对环境研究、城镇化环境效应研究进行文献梳理，并对现有相关研究进行归纳，指出现阶段研究的基础、不足以及进一步研究的重点。第三章内容为构建城镇化环境效应内涵及其机理模型，旨在研究图1-1所示的黑箱1中的机理问题；在对城镇化环境效应的基本内涵及其属性进行界定的基础上，基于城镇化的基础理论和现阶段研究认识，系统构建城镇化环境效应的机理模型，作为后续章节研究的理论支撑框架。第四章内容为城镇化环境驼峰效应的理论分析，意在研究图1-1所示黑箱2中的环境变化趋势；对城镇化进程中驱动环境变迁的主要因子进行分解，并综合各因子总结城镇化进程中环境牺牲的总体变化趋势，提出城镇化环境驼峰效应假说。

　　第三篇为实证篇，分析中国城镇化环境效应现状与趋势，涉及第五章、第六章和第七章内容。其中，第五章内容为中国城镇化环境效应的现状分析，总结中国城镇化基本进程和基于环境效应变化驱动因子视角的主要特点，对中国城镇化进程中环境效应特征进行归纳。第六章内容为中国城镇化环境效应的计量检验，是通过经济计量的方法，根据中国数据检验城镇化环境效应机理模型的合理性以及环境驼峰效应的存在性来进行计量检验。第七章内容为中国城镇化环境效应的风险预警分析，该章对未来中国城镇化进程中存在的主要环境效应风险进行归纳总结，指出存在环境负效应驼峰值趋高、环境负效应累积和现代城市环境公害三大风险。

　　第四篇为战略篇，提出中国绿色城镇化战略的基本框架，涉及第八章、第九章、第十章和第十一章内容。其中，第八章：提出了绿色城镇化的基本内涵、推进城镇化绿色转型的重点任务、对策措施等。第九章：提出了绿色城市的基本内涵与判识方法，指出绿色城市建设的宏观导向、重点任务和保障措施等。第十章：论证城市群绿色发展的必要性和重要性，提出了城市群绿色发展的总体思路、重点任务和对策建议等。第十一章，提出了以城市绿色治理体系和以城市群绿色治理体系为重点加快建立健全全社会参与的城镇化绿色治理体系。

　　第五篇为结语篇，即第十二章，内容为全书的研究总结与展望，就研究得到的主要认识、结论性观点和启示进行简要总结；并结合在研究过程中的思考和理解，展望未来拓展和深化研究的重点与方向。

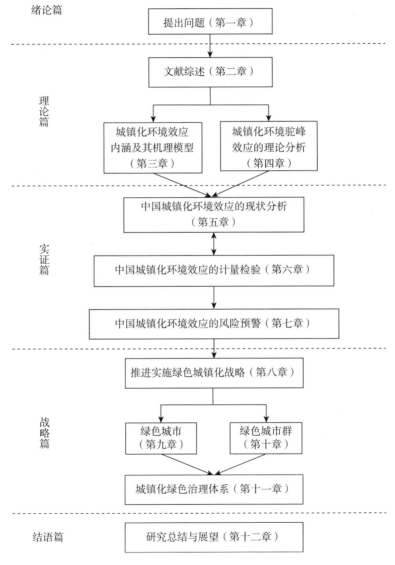

图 1-2　本书的研究思路与篇章安排

9

理论篇
绿色城镇化的理论基础
——城镇化环境效应机理与环境驼峰效应假说

第二章　城镇化环境效应的研究进展

对城镇化环境效应的相关研究成果进行综述，主要包括三个方面的内容：一是城镇（市）化综合效应研究的基本进展；二是环境效应的研究起源和主要分析路径；三是城镇化环境效应研究的总体回顾，包括环境效应变化的驱动力研究、环境效应的判定和评价研究以及环境效应变化趋势和环境效应对策思路研究等。在此基础上，对过去研究成果进行简要评述，指出不足和需进一步研究的重点，为后续章节研究提供必要的启发与方法借鉴。

一　城镇化综合效应研究进展

对城镇（市）化的研究有两个基本方向，一是城镇化的动力机制分析，就是研究各要素如何驱动城镇化；二是城镇化作为驱动力对其他要素的影响研究。城镇化效应研究属于后者。显然，作为人类活动基本进程规律，城镇化会驱动社会、经济、空间结构及自然环境的变化，因此，城镇化效应包括各个领域和层面，更多时候甚至是一种综合效应。

从效应判定上，一般认为，城镇化对其他要素变化具有正向效应作用，成德宁（2003）研究认为，积极、稳妥地推进城镇化进程将有利于推动地区经济发展，具体地，城镇化具有促进国内市场扩张、农业现代化、农村工业化、资源和环境保护、技术扩散和人力资本形成等多方面的积极效应。当然，也有不少有研究认为由于制度缺失或管理滞后等因素的存在，城镇化也存在着诸多的负效应作用。例如，城镇化会产生新增贫困人口并形成城市贫民窟（方时姣、苗艳青，2006；骆祚炎，2007），会带

13

来土地盲目开发和土地资源浪费（吴智刚、周素红，2006；王家庭、张俊韬，2011）等。从效应领域上看，总结起来，除了环境效应之外，现阶段城镇化各种效应研究主要基于以下几个方面展开。

一是城镇化的要素集聚效应。从理论上来看，城镇化和要素集聚具有相互作用的耦合关系。根据中心地理论，城镇地区一般在不同程度上都具有商品商贸和服务的功能，即所谓的中心地职能（克里斯塔勒，1998）。由于企业区位呈点（块）状集聚在城镇地区，这样，大量生产和联合生产的种种利益会促使某些区位上建立起较大的生产集合体从而形成城市，并且会产生内部集约和外部节约的利益，包括生产、销售和消费各个方面的利益（勒施，1995）。同样，根据增长极理论（安虎森，1997；曾坤生，1994；安虎森，2004），形成增长极的一组产业可能在地理上集聚从而形成一个都市区域（王缉慈，1989）。在中心地理论和增长极理论的基础上，城镇集聚理论得到不断发展，特别是保罗·克鲁格曼（Paul R. Krugman）在 20 世纪 90 年代初提出的"中心－外围"模型，其研究的出发点就是城市集聚问题（李金滟、宋德勇，2008）。当然由于集聚成本的存在，单个城市内部的要素集聚存在集聚不经济现象（李金滟，2008）。为此，除了单一城市要素集聚效应研究之外，基于拥挤成本、专业化分工和城市产业梯度等角度对城镇系统和城市群这一现代城市要素集聚的重要形态研究也尤为重要（李金滟、宋德勇，2008）。总之，要素集聚是城市形态的本质内涵，集聚经济是城市化经济的重要定理（王雅莉，2003）。

二是城镇化的经济增长效应。由于技术创新、要素供给和需求拉动，城市化对经济增长具有较强的正效应（傅鸿源等，2000；杨开忠，2000；王小鲁，2002；巴曙松等，2010）。正是由于城市的集聚经济效应，城市的规模和密度有利于城市劳动生产率的提高（陈良文、杨开忠，2007）。实质上，由于集聚经济的内在作用，城市化与经济增长是互促共进的关系（程开明，2008）。当然，也有研究认为，城市之于经济增长也存在制约作用。城市高度集中超过了一定的适度量，就会产生规模不效益，导致城市集中陷阱的存在（Bertinelli and Strobl，2003），继而制约经济增长（杨波、吴聘奇，2007）。可见，城市化促进经济增长是有一定条件的，特别是当政府对城市地区的转移支付满足不了城市人口增加时，城市化对经济增长的积极作用就会被削弱（夏翔，2008）。作为中国城镇化经济增长效应的代表性研究，战明华、许月丽（2006）在构建动态的城市内生增长模型的基础上，通过经济计量检验研究发现，中国城镇化进程存在相当于索洛模型中的技术进步正效应作用于经济增长。

三是城镇化的产业演进效应。一直以来城镇化与工业化进程都被学术界视为相互影响、相互推动的有机统一体。一般认为，产业在一地区集聚发展会促进城镇逐渐形成并发展壮大。主要是由于城镇地区产业具有集聚效应、扩散效应、收入效应和关联效应，会进一步推动城镇化进程，从这个意义上讲，产业演进发展是城镇化建设的核心（高环，2004）。与此同时，城镇化会通过城市空间扩张和结构调整、邻域城市整合和城镇体系重构等空间形态变化促进产业结构升级（刘艳军，2009），产业升级最终有利于产业生态化。张文龙（2009）研究指出，城市化与产业生态化具有相互作用的耦合关系，其中，城市化会通过城市居民行为方式的改变促进产业生态化进程。

四是城镇化的知识积累和技术进步效应。城市具有专业化与多样性、人力资本积累、信息交流网络形成及交易效率提高等方面的独特优势，有利于知识积累（Jacobs，1969），特别是有利于各种专利活动的开展（Feldman and Audretsch，1996），这使得城市地区成为创新和发明的集聚地（程开明，2010）。正因为如此，新经济增长理论认为，城市应该被视为理论创造和思想传播的中心。城市各种产业和职业的融合，来自不同地区的思想集聚在一起，就会产生增长（克拉克、费尔德曼、格特勒，2005）。可见，城镇化的知识积累、技术进步、产业演进以及经济增长效应都是基于要素集聚的作用结果。

当然城镇化效应研究远不止以上归类。例如，城镇化的人口发展效应研究近年来逐渐成为热点，包括城镇化的就业岗位创造效应（安琥森，2004；Zhang，2007；谭岚，2008），城镇化的收入增加效应（Todaro，1969；李美洲、韩兆洲，2007），城镇化的人力资本促进效应（Henderson，1974；Lucas，1988；王金营等，2005；时慧娜，2011），城镇化的生育性别偏好减弱效应（辜胜阻、陈来，2005）等。基本上，随着城镇化进程的加快和城镇化问题的增多，来自不同学科和领域的学者围绕城镇化研究各种效应现象并不断深入。

实质上，城镇化的各种效应具有交叉与相互影响的关系，城镇化效应具有较强的综合性，一方面，城镇化要素集聚、产业升级、技术进步、经济增长等效应互为条件和结果；另一方面，这些效应综合起来又通过直接或间接方式影响着环境系统的变化，并与环境效应交织于一体。

二　环境效应研究的主要路径

对人口发展、经济增长中的环境问题（例如，污染排放及其对生态环境的破坏）和人类活动引起环境变化的研究由来已久。早期经典的、在国际上影响力较大的著作有两部：一是 1962 年美国生物学家雷切尔·卡逊（Rachel Carson）的小说《寂静的春天》（*Silent Spring*）中提到由于科技和经济的发展，特别是人类通过化学杀虫剂等有害物的利用导致生物多样性减少，破坏了生态环境；二是 1972 年以美国丹尼斯·米都斯（Dennis Meadows）教授为首组成的罗马俱乐部成员在《增长的极限》报告中，提出如果工业化、人口增长按照现有趋势发展，在不久将来不可再生资源耗尽和环境恶化的问题会面临增长的极限，也即零增长（Meadows, et al.，1983）。正是这两部著作的广泛影响，自 20 世纪 60～70 年代以来，对人类活动与环境问题的研究引起了国际社会和学术界的广泛关注，经历半个世纪方兴未艾。从学科大类上看，对环境效应的研究有环境经济学和地理学科两个主要视角①，但是研究的实现路径不并统一，主要有以下几个主要路径：影响因素分析、变化曲线模拟、动态最优化模型演绎、经济社会系统的环境评价、基于遥感数据等的地学效应研究等。

（一）环境经济学视角

基于经济学视角，从研究路径上看，环境变化分析路径有四条主线：

---

①　注：鉴于本研究的集中论题是城镇化这一人类活动过程的环境效应，这里只对人类活动的环境效应研究予以综述归纳；对大量研究自然力量作用的环境效应不予考虑。

一是通过因子分解以及实证检验探讨环境变化的影响因素；二是以环境经济学的规范分析方法检验环境库兹涅茨曲线假说，以对不同地区环境效应（主要是环境污染）变化的线性和非线性趋势进行讨论；三是在引入环境负效用的条件下，基于经济增长或城市化的效用最大化目标函数考察动态最优模型；四是充分考虑经济社会发展和自然、环境协调等综合因素的环境质量评价。

1. IPAT 模型

Holdren 和 Ehrlich 在 20 世纪 70 年代早期（1971，1972，1974）提出了环境质量 IPAT 恒等式式（2 - 1），用来分析影响环境系统变化的各种要素。根据该恒等式来看，环境效应受到人口总量、人均经济总量以及单位经济总量三个变量的综合驱动，其中人均经济总量实质上就是反映人口富裕程度，单位经济总量的环境效应一般认为是技术水平的表征。

$$\text{环境效应}(I) = \text{人口总量}(P) \times \frac{\text{经济总量}}{\text{人口总量}}(A) \times \frac{\text{环境效应}}{\text{经济总量}}(T) \qquad (2 - 1)$$

$$I_i = aP_i^b A_i^c T_i^d e_i \qquad (2 - 2)$$

更多学者在实证研究中，将 IPAT 恒等式变化成计量经济模型式（2 - 2）（Dietz and Rosa，1997；Marian，2001；Waggoner and Ausubel，2002；York，Rosa and Dietz，2003），这里，i 表示地区，a，b，c，d 分别为参数，e 表示误差项。这样，可以根据被考察地区的统计数据检验人口、富裕程度以及技术水平对环境的实际影响作用。近年来，国内有学者在 IPAT 模型基础上，对其进行改写或转换来研究环境问题，例如，刘耀彬（2011）在考虑城市化进程中的 IPAT 模型时，将城市化率（U）引进，得到城市化环境效用模型为：

$$\text{环境效应}(I) = \text{城市化率}(U) \times \frac{\text{人口规模}(P)}{\text{城市化率}(U)} \times \frac{\text{经济总量}(G)}{\text{人口规模}(P)} \times$$

$$\frac{\text{环境效应}(I)}{\text{经济总量}(G)} \qquad (2 - 3)$$

在恒等式（2 - 3）的基础上按照式（2 - 2）的方法构建计量模型，并对特定被考察地区进行城市化环境问题的实证检验。可见，"IPAT"框架为研究环境质量的影响因素提供了一个有效的实现路径，对实证研究具有借鉴意义；但是，由于不能动态考察驱动力与环境之间的变化趋势，对经济活动过程中的环境变化规律研究尚有不足之处。

2. EKC 模型

最早由 Grossman 和 Krueger（1991）根据发达国家的经验研究，提出环境库兹涅茨曲线（Environment Kuznets Curve，EKC）假说，认为在经济发展的初期会出现环境恶化，随着经济发展进入较高水平的阶段，环境质量开始不断改善。随后，诸多研究进一步证实了该理论假说的存在性（Bandyopadhyay，1992；Panayotou，1993；Selden and Song，1994；Torras and Boyce，1998；Dinda，2004）。但是，不少学者对该假说持批评或质疑态度，认为 EKC 假说缺乏系统的理论体系支撑，并且指标选择不具有代表性、计量模型的检验估计存在漏洞（Stern，1998，2004；Borghesi and Vercelli，2003 等）；另外，也有学者通过实证研究发现，并不存在环境库兹涅茨曲线（Perman and Stern，2003；Agras and Chapman，1999）。

归纳起来，环境库茨涅茨曲线检验的结果有"倒 U 形、正 U 形、正 N 形、倒 N 形"（见图 2 - 1），由于缺乏对环境效应机理的理论分析，单纯地通过数据计量模拟的方法检验城镇化对环境驱动的演变趋势，并没有多大实际意义。特别是对不同地区差异化的环境效应变化趋势的解释也不够充分。可见，缺乏对动态变化的机理研究或驱动力分析是环境库茨涅茨曲线检验研究方法天然的不足之处，这种通过特定地区的统计数据来分析环境效应变化趋势，由于遵循从个别到一般的分析逻辑，引来诸多争议。不过，EKC 假说的重要意义在于提供了一个考察两个变量关系的动态研究思路，引起学术界较为广泛的关注；并且，该研究路径的不足之处正是下一步深化研究的重要方面。

3. Ramsey 环境模型

1928 年，弗兰克·普伦普顿·拉姆齐（Frank Plumpton Ramsey）发表《储蓄的数学理论》一文，讨论动态最优化问题（Ramsey，1928）。该文中提及的动态最优化模型后来通常被称作拉姆齐（Ramsey）模型，该模型曾受到凯恩斯的高度评价，许多西方经济学家也认为该模型在一定程度上取代了 IS - LM 模型，成为现代宏观经济学研究的经典范式。具体地，最初模型中的最优化由三个部分组成：最小化极度满足（假定存在

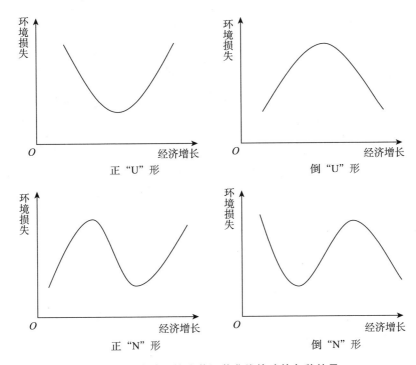

图 2 - 1 传统环境库茨涅茨曲线检验的各种结果

资本 K 或消费 C 的极限满意，记作 B）、最大化消费效用（所有时间 t 加总后得到的效用，记作 U（C））；最小化的负效用（劳动 L 带来的痛苦，记作 V（L）），用公式表达如式（2-4）所示（汤为本，2004）。

1965 年，卡斯（Cass）和库普曼斯（Koopmans），对 Ramsey 模型进行了发展（学术界通常对改进了模型称作 Ramsey-Cass-Koopmans 模型），同样在假设不存在技术进步、人口固定增长率的条件下，得到考虑时间偏好的效用模型，如式（2-5）所示，其中，K 为单位时间资本变动量，f（k）为产出，n 为人口增长率。

$$\min\int_{0}^{\infty}\left[B - U(C) + V(L) \right]dt$$

$$s.t.\ \frac{dK}{dt} + C = F(K,L) \qquad (2-4)$$

$$\max\int_{0}^{\infty}U\left[(C(t)) \right]e^{-\rho t}\,dt$$

$$s.t. \dot{K} = f(k) - C - nK$$
$$K(t_0) = K_0 > 0 \qquad (2-5)$$

对于环境效应研究，Ramsey 及其改进模型的价值在于：一是效用满足最大化方法同样适用环境牺牲研究领域；二是可以把环境牺牲视作劳动过程中的痛苦或负效用；三是考虑了人口增长和时间这两个动态变量。正因为如此，近年来国际上不少学者将 Ramsey 模型及其思想引入环境研究领域中。目前较有代表性的研究有以下几方面。

一是 1998 年，Ebert 从福利最大化定价角度构建福利函数。其中假定企业生产两类产品，即脏（Dirty）产品 X 和干净（Clean）Y 产品，生产成本记作 C（X，Y），两类产品的需求逆函数分别表示为 P_X（X）和 P_Y（Y），且函数斜率向下倾斜，即 $dP_X/dX < 0$，$dP_Y/dY < 0$，另外 X 产品会带来额外成本或叫毁坏成本，记作 D（X），此时全社会的福利记作 W（X，Y），并且可以用式（2-6）表示。在此模型的基础上，进一步根据边际概念讨论有环境管制和无环境管制下的社会福利最大化问题。

$$W(X,Y) = \int_0^X P_X(X)\,dX + \int_0^X P_Y(Y)\,dY - (X,Y) - D(X) \qquad (2-6)$$

二是 2003 年，Xepapadeas 在讨论经济增长和环境关系的时候，将污染引入经济增长模型，并通过 Ramsey-Cass-Koopmans 模型实现展开讨论，全社会效用函数记作式（2-7）（Xepapadeas，2003）。其中，N（t）是 t 时期的污染排放，$\overline{C}$（t）为 t 时期的人均资源消耗量，E（t）为 t 时期的环境质量，ρ 同样表示时间的偏好率或未来效用的贴现。根据式（2-7）的基础模型，进一步可以得到环境污染的经济增长最优化模型，以及最优化的排放税率模型、非线性的最优排放模型。该研究在效用最大化目标约束下，充分考虑了环境效用的经济增长问题，为该领域的深化研究做了较好的思路上的铺垫。

$$\int_0^\infty e^{-\rho t} N(t) U(\overline{C}(t), E(t))\,dt \qquad (2-7)$$

作为国内学术界最新研究的代表，王家庭、郭帅（2011）在索洛生产函数和 Ramsey-Cass-Koopmans（拉姆齐-卡斯-库普斯曼）效用函数的基础上，通过数理推导，将环境污染引入城市化进程效用分析框架，构建了生态环境约束下的最佳城市规模模型。

$$Max. \int_0^\infty U(c,x) \, \mathrm{e}^{(n-p)t} dt$$

$$s.t. \, k(0) = k_0, x(0) = x_0; \theta \leqslant (1+Y)/\alpha$$

$$k(t) = (1-\theta)f(k(t)) - (n+g+\delta)k(t) - c(t)$$

$$x(t) = (1+Y-\theta\alpha)f(k) - (g-n+\eta)x \qquad (2-8)$$

其中，$U(c,x) = C^{1-\varepsilon}/(1-\varepsilon) - Bx^\varphi$

$k = K/AL, x = X/AL, \theta = Y^A/Y$

这里，$c(t)$ 为 t 时期的消费者消费，$x(t)$ 为 t 时期的污染存量，ε 为消费效用的边际弹性，φ 的含义与 ε 一致但区别在于当 φ 大于 1 时，就用来衡量污染排放的边际效应弹性，B 用来表示环境污染对人的影响；Y，K，L，A 分别为索洛生产函数中的产量、资本、劳动以及知识（技术进步），θ 表示消除污染的技术进步系数，δ 为资本的折旧率，η 为城市对环境的自我净化能力，α 表示净化能力为正。另外，通过推导，n，g 为索罗模型中相当于劳动力和知识的中间变量函数。该研究充分考虑了引入污染问题的生产函数和效用最大化问题，揭示了生产进程对环境污染的影响以及一般规律，具有重要学术价值。

显然，Ramsey 模型思想对研究经济增长中的环境现象具有重要借鉴价值，尤其在充分考虑时间变量的情况下，认为全社会效用取决于干净产品产出和脏产品的产出。

4. 人口、经济、社会与环境综合评价

随着全球气候变化和环境问题的愈加突出，国际学术界、非官方组织、官方机构等更加关注用科学的测算方法从数值上衡量环境变化的实际程度。从国内研究发展看，自 20 世纪 90 年代以来，人口、资源与环境经济学作为一门二级学科取得了较快的发展（蔡翼飞，2010）。基于可持续发展思想和人口、资源与环境经济学学科理论框架，近年来开展了许多关于地区人口、资源、经济、环境等协调发展的综合评价工作（陈静、曾珍香，2004；刘志亭、孙福平，2005；徐盈之、吴海明，2010）。其中，城市地区生态环境的评价也得到了广泛的关注，例如，通过构建环境可持续发展指标体系对城市化进程的战略环境进行分析、评价和预测（车秀珍等，2001）或直接构建城市生态环境（李静等，2009）或生态城市评估指标体系（张坤民等，2003）。这类研究，将环境因素纳入整个地区可持续发展评价中，具有实际意义。但是从测度结果看，由于指标体系庞杂、研究侧重点不同、判断标准不一致，往往同一对象的研究结论并不统一，一定程度上失去可比性。

当然，从数理上有，对一地区人口、经济、社会和环境协调发展的综合评价最终落脚点是能提出更加科学的地区发展方案和对策建议。其中，代表性的观点有李善同和刘勇（2002）提出的地区差异性发展方案，即：对贫困地区，应该将解决贫困和温饱作为首要任务，随后再加大对社会和环境领域的投资建设；对经济发达而环境污染较为严重的地区，则优先加强技术进步及其污染防范和治理的投入；对生态问题区域，把生态保护和建设、遏制生态恶化作为头等大事。

（二）地理学科视角

由于人类活动的环境影响直接体现在地理环境的变化上，为此环境效应研究实际上是人地关系研究的重要内容之一。通过文献梳理发现，更多对环境效应的探讨和分析集中在自然科学、人文地理学研究领域，并运用生态学、地理学、地质学等基本知识和分析方法对自然环境的变化进行纵向或横向的对比研究。从人类活动的分类上看，除了农业活动之外，对环境变化影响较大的还是大量的建设及生产、生活活动，而这些活动较多集中在城镇地区。一般认为，城镇建设和发展会导致地质（土壤性质、空气、光照、水文、热量、地表结构、气候等）变化，严重情形下会导致地质灾害。

从研究内容上看，目前关注较多的有以下几个方面：一是城镇化进程的加速导致建设用地的扩张和生态绿色的减少，从而改变城市地区的热环境（柯锐鹏、梅志雄，2010）；二是城镇化建设导致河网体系发生变迁，改变水环境（陈德超，2003）；三是当城镇化的人类活动强度超过地质自然承载力会产生地质灾害，例如，地面下沉、地震、地裂缝崩塌等（侯金武，2008）。在研究方法上，近年来越来越多经济地理专业研究方向的学者通过获取卫星遥感数据（Modis 影像），根据 Envi 和 GIS 等软件分析，对地区城镇化进程中的地质环境变化进行系统研究，包括城镇土地规划、地区叶面积指数、反照率、流域、植被覆盖率等变化（王建凯等，2007；沈体雁等，2007；侯鹏等，2009；何报寅等，2010；黎治华等，2011）。

总体来看，运用地理学科的方法研究环境问题主要是对人口集聚区包括城镇地区、乡村部落区以及重大工程实施地区的地学效应数据变化进行比照分析。该研究路径更加形象具体地刻画了人类活动对生态环境的影响，对人类活动引起的灾害风险分析具有重大意义。

三 城镇化环境效应研究回顾

城镇化环境效应研究起源于城市的环境问题研究。早在 1898 年，英国学者霍华德（Howard）著书《明日：一条通往真正改革的和平道路》（*Tomorrow：A Peaceful Path to Reform*），到 1902 年二版改名为《明日的田园城市》（*Garden Cities of Tomorrow*）中首次提倡规划和建设田园式的城市形态，避免城市扩张发展带来环境问题（霍华德，2000）。田园城市思想具有深刻的影响意义和应用价值，最早将生态学思想注入城市建设和规划领域，对城市化环境问题研究具有启蒙性。随后，1915 年帕特里克·格迪斯（Patrick Geddes）著书《进化中的城市》（*Cities in Evolution*），认为要遵循自然环境条件，依据生态原理进行城市规划与建设。进入 20 世纪 80 年代以后，城市生态环境和可持续发展问题的讨论逐渐高涨，在生态城市概念的基础上展开对城市的环境问题研究，包括森林城市、健康城市（刘耀彬等，2005）、绿色城市（白磊，2006）、低碳城市（罗巧灵等，2011）等。总体上，国外学者多讨论城市环境问题或以生态环境观论城市规划和建设，近年来国内有学者开始结合中国特色模式的研究更加注重分析城镇化模式及其进程对环境的影响。

（一） 城镇化环境效应变化的驱动力研究

所谓驱动力研究，就是分析城镇化进程影响环境变化的具体作用因子。总体上，随着研究内容的深入，驱动力考察逐渐从过去单一影响因子到多因子分析转变。

在单驱动力因子研究中，多数学者认为城市人口增长及其对资源的高消耗需求甚至是资源"掠夺"是造成环境效应变化的主要原因。从城市地区资源占用上看，城市人口大量增长的直接影响就是增加人口、产业、商业、交通、能源消费、水资源适用、污染排放的空间密度以及其他各种环境压力（Bartone，Bernstein and Leitmann，1992）。与此同时，城镇化对城市周围及郊区的土地有掠夺性，尤其对农业用地的占用，会破坏地区的自然生态环境（Morello，et al.，2000）。一言以蔽之，经济发展首先推动城市区域人口的不断增加，人口增加带来城市基础设施恶化或其承载力降低以及环境污染，加大对地区资源的掠夺性；越高的城镇化率往往会带来越严重的环境污染（Thanh，2007）。

当然，近年来更多研究认为，人口城镇集聚作为城镇化的本质内涵和表现不是驱动环境变化的唯一原因。多驱动因子就是指除了人口因素以外，还包括城镇化进程中人类活动的其他因素变化，如经济发展、技术进步、空间结构变化等。Chen，et al.（2010）在对中国城镇化的环境问题研究中指出，中国的人口、经济、社会、土地综合城镇化使得土地资源与能源安全形势愈加严峻、环境压力不断增大。在中国，城市化进程中面临水资源短缺、大气污染严重、垃圾围城、噪声污染等资源约束和环境污染，这与城市布局不合理、城市规模扩大、产业污染和生活污染治理投入不足等密切相关（周宏春、李新，2010）。在多驱动力因子研究中，将人口集聚及其引起的其他经济、社会、文化以及资源条件（如土地开发建设）的变化一并引入环境问题研究中，实质上是深化了人口增长的单因子研究，既是遵循了理论研究的基本思路和范式，也符合实证问题研究的基本思路。

（二）城镇化环境效应的判定与评价研究

虽然城镇化进程在一定时期内会带来一些环境负效应，即城镇化进程中的环境问题，包括城市规模扩大带来的环境成本的增加（公共卫生设施成本）和环境破坏（大气污染、水污染等）（Brennan，1999）。

但实质上，城镇化对环境的负面效应来自于城镇化模式的选择，特别是选择粗放型的城市化模式会带来严峻的环境问题（盛广耀，2009），而城镇化进程本身是有利于环境质量改善的，例如资源集约效应、人口集散效应、环境教育效应以及污染集中治理效应等，对生态环境起到良好的促进作用（宋言奇、傅崇兰，2005）。为此，城镇化是有利于自然环境美化和社会经济发展的，主要是由于人们片面追求经济社会效益，对自然环境重视不够，才导致了环境的恶化和自然灾害的发生，或使自然灾害损失扩大化（王思敬、戴福初，1998）。Tu（2011）通过地理加权回归分析也发现，相比高城镇化地区，较低城镇化区域的商贸、工业、农业、居住、再开发等性质的用地与水污染之间具有更强的正相关性；低城镇化水平地区土地利用对水资源质量具有负面效应。

可见，由于分析视角和研究路径的不同，对城镇化环境效应的判识所有差别。为此，需要进一步梳理城镇化对环境效应影响的作用机理，对城镇化进程中引起环境正效应和负效应加以区分和归类分析，从而更加全面、客观地评价城镇化的环境效应。

（三）城镇化环境效应的变化趋势研究

随着研究和认识的深入，近年来学者们更倾向认为，不同阶段和模式的城镇化对环境的影响是不一样的。从理论分析看，早在1977年赖纳·雅克松（Reiner Jaakson）就提出了城镇化对自然环境影响的一个阶段性分析框架，根据城镇化对自然物质的获取程度，将其对自然环境的作用分为四个递进演化阶段，即初始影响阶段、次级影响阶段、第三影响阶段和第四（催化）阶段（Jaakson，1977）。国内学者方创琳和杨玉梅（2006）以系统学和生态学的基本理论为基础，研究认为城镇化与生态环境之间的动态关系会形成一种交互耦合的系统，并且该系统满足六大基本定律，包括耦合裂变、动态层级、随机涨落、非线性协同、阈值以及预警定律。该定律对进一步开展城市化环境效应的动态研究具有重要的指导价值。

在实证研究方面，近年由于全球变化引起广泛关注，国际社会对城镇化与碳排放的关系也高度关注。Inmaculada 和 Antonello（2011）研究

1975～2003 年发展中国家城镇化与碳排放的关系，认为城镇化与碳排放之间具有倒 U 形关系。Poumanyvong 和 Kaneko（2010）研究发现，在不同的发展阶段，城镇化的能源使用与碳排放效应具有差异性，对于低收入水平的国家，城镇化会降低能源的使用与碳排放；而对于高收入水平的国家，城镇化则会增加能源的使用与碳排放。可见，从碳排放的角度，城镇化初期不利于减排，随着城镇化进入高级阶段，由于技术进步或经济增长等因素，碳排放会得到缓解。

根据中国的案例，从环境质量和生态效率的角度，均有研究发现，在城镇化的初期阶段，环境质量恶化、生态效率趋低，随着城镇化的深化推进，城镇化的环境负效应会经历一个峰值或拐点值，随后城镇化对环境影响趋于正效应作用（卢东斌、孟文强，2009；张燕，2011）。从中国城镇化与各种生态指数之间的关系上看，城镇化与生态足迹之间呈正线性相关，与生态足迹密度、赤字及盈余呈负线性相关；与生态综合指数呈负的指数关系（Fang and Lin，2009）。通过对中国个别地区的案例研究，卫海燕等（2010）发现，城市化水平和生态环境压力之间存在显著的负相关关系，即城市现代化水平越高，城市生态环境压力越小。

显然，根据现有城镇化环境效应变化趋势研究结论，基本上能得到两个基本认识：一是城镇化对环境效应影响具有显著的阶段性；二是城镇化环境效应变化基本遵循城镇化初期环境负效应递增，到城镇化高级阶段，环境正效应作用明显增强。不过，从目前的研究方法来看，主要还是基于 IPAT 和 EKC 的分析方法，或是统计数据及其验算得出的综合指标的比较分析，而对城镇化进程中的环境效应变化的阶段性分解和原因分析尚不足。

（四）城镇化环境效应的对策思路研究

城镇化效应研究的最终落脚地在于通过规律性分析指导现实中的城镇化实践，针对特定地区的城镇化环境效应提出最优化发展的对策建议。总结起来，目前对城镇化环境效应的对策思路分析主要有以下几个方面。一是建议选择科学的城镇化模式。NRTEE（2003）在研究报告中指出，相比城市郊区化的发展模式，发展"紧缩城市"对环境的可持续效应更有效，因为紧缩城市带来诸多益处，如提高公共交通客流量、较低的公共设施成本、减少能源使用和排放、减少占用农业土地等；国内有学者在对中国未来三十年城市化发展趋势探讨中，提出"城市生态化"的观点，即城市增长和生态环境协同发展，主要通过加强提高绿化率、生态走廊建设、推行污染小的交通设施、垃圾无公害化处理、对工业污染排放集中处理等方式实现城市可持续发展（肖金成 a，2009）。二是建议控制要素聚总量，谋求城镇适度规模。Maiti 和 Agrawal（2005）研究印度大都市的城镇化发现，城镇化带来的城市环境质量恶化非常严重，必须通过控制城市人口规模来抑制污染排放；在大城市中，虽然生物资源消耗必须得到限制，但是应当最优先考虑大城市中的交通污染，另外还要通过制定排放标准以及配套税费政策来控制城市固体废物排放。三是完善城市管理与制度设计。Bao 和 Fang（2007）通过案例研究发现，缺水地区是由于人口、经济、城市规划超过水资源的承载力，因此需要调整城镇化模式，构建一个集约用水体系，优化机制设计和用水管理，实现水资源利用的零增长或负增长，这样才能促进水、生态、经济系统的协调与可持续发展。总体而言，虽然对城镇化环境问题的对策思路分析颇多，但是更多的是宏观或者感性层面的理解和认识，缺乏基于城镇化环境效应机理分析而得到的更加具体、更有针对性的对策思路或建议。

综上，从国外研究看，城镇化环境效应研究主要集中在对生态城市、低碳城市、田园城市、绿色城市等范畴，侧重围绕城市地区的环境问题展开分析。从国内研究看，随着中国城镇化及相关问题研究的不断深入，尤其是近年来由于资源和环境约束不断加大，引起人们对城镇化进程的环境问题的广泛关注，目前已有一定的研究成果（见表 2－1），主要围绕两个主题展开研究：一是城镇化环境效应变化的现象描述和问题分析；二是城镇化与环境效应的关联性或耦合关系。从研究区域范围上看，国内外研究区别在于：国外研究的区域集中在城市（镇）地区，而国内研究更加侧重整个城镇化进程带来的城乡一体化区域的环境变化。

表 2 - 1　"城镇化环境效应"研究的代表性成果

代表文献	涉及环境效应的研究内容	主要成果（著书）
Howard (1898, 1902)	提出"田园城市"概念，城市适度人口和产业规模，与农村一体，满足健康生活	*Tomorrow：A Peaceful Path to Reform* (1898)；*Garden Cities of Tomorrow* (1902)
Geddes (1915)	"生态城市"概念的雏形：城市卫生、住房及市政基础设施建设需要遵循自然生态学的基本原理	*Cities in Evolution：An Introduction to the Town Planning Movement and to the Study of Civics*
李相然 (2004)	城市化的物理环境效应、污染效应、生态环境效应、地学效应和资源消耗效应	《城市化环境效应与环境保护》
刘耀彬 (2007, 2011)	城市化的物理环境效应、污染效应、生物效应、资源消耗效应、地学效应；城市化对资源环境问题的影响机制（城市人口集聚、大规模生产、产业和居民消费结构）	《城市化与资源环境相互关系的理论与实质研究》；《资源环境约束下的适宜城市化进程测度理论与实证研究》
姚士谋等 (2009)	城镇化的生态特征：城镇蔓延式发展与用地失控、城市绿地不足、城镇化的环境污染（空气、水、固体废弃物、城市生活垃圾和噪声污染）、资源短缺和地面下沉	《中国城镇化及其资源环境基础》
方创琳等 (2008, 2010)	城市化过程与生态环境交互耦合理论；将城市化分解为人口城市化、经济城市化和空间城市化，从而建立城市化的生态环境效应分析框架；城市群发展与生态环境的耦合效应以及空间扩张的生态响应机理	《城市化过程与生态环境效应》；《中国城市群可持续发展理论与实践》

　　说明：国外主要侧重对"城市环境"的研究，基于环境问题提出生态城市、健康城市、绿色城市等建设思路；国内近年来较多关注城镇化模式及其进程对环境影响的研究。

四　简要评述

　　可见，围绕城镇化的环境问题，长期以来来自不同领域的专家、学者及利益相关者从各个角度或层面开展了大量的研究工作，积累了丰富的研究经验和成果。"城镇化的环境效应研究"似乎是"老生常谈"；实质上，运用经济学的方法，从环境演变的角度来研究城镇化的一般规律才刚刚起步，过去广泛视角的研究为此打下了坚实的基础（见图 2 - 2）。

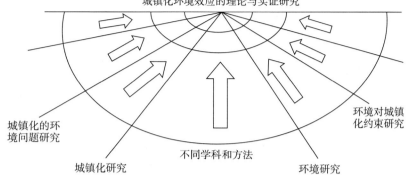

图 2 - 2 过去泛视角的研究与未来深化研究的关系

（一）现有研究的价值

综上，总体而言，对"城镇化效应"、"环境效应研究的主要路径"和"城镇化环境效应"的研究为进一步研究积累提供了较为丰富的理论和实证研究成果（见表 2 - 2）。

表 2 - 2 城镇化环境效应研究焦点的现有文献基础

关注焦点	主要认识	技术方法	参考价值
城镇（市）化效应	（1）效应类别：要素集聚、经济增长、产业演进、知识积累和技术进步、人力资本和就业、收入与新贫困、文化制度、土地扩张等；（2）效应特征具有差异性	（1）理论推导和机制分析；（2）统计比较分析；（3）计量经济回归检验	（1）研究深度；（2）研究思路；（3）研究方法；（4）理论基础借鉴
环境效应研究的主要路径	（1）IPAT 模型；（2）EKC 模型；（3）Ramsey 环境模型；（4）人口、经济、社会与环境综合评价；（5）人文（经济）地理学的遥感和 GIS 分析模型等	（1）因子分析；（2）动态最优化；（3）计量经济学方法实证检验	提供经济学规范方法参考和因子机理分析的基本思路
城镇化环境效应	（1）驱动因子；（2）效应评价；（3）效应变化趋势；（4）政策主张	（1）概念诠释；（2）统计描述；（3）计量回归检验	为理论和实证的深化研究提供概念认知基础

　　具体地，一是城镇（市）化综合效应研究的价值在于深化对城镇化过程的理论认识，为城镇化的环境效应机理研究提供了分析的路径，城镇化要素集聚效应、产业演变效应、经济增长效应、土地规模增长效应、知识积累和科技进步效应、人口效应等既与环境效应一起构成城镇化的综合效应，同时又作用于环境效应的演变。二是对环境效应主要研究路径的基本回顾，一方面了解了现行研究的技术路线和基本思想，为下一步研究提供了方法论指导；另一方面，对不同路径下研究中存在的问题和不足有一个较为充分的认识和总结，有利于在进一步研究中进行补充和完善。三是现阶段城镇化环境效应的研究为进一步的理论和实证深化研究提供了基本概念的认识基础，为相关研究做了较好的铺垫。

（二）现有研究的不足

　　虽然现有研究积累了许多成果，但同时也存在一些不足。首先，从总体研究的思路和方法上看，主要存在两个方面不足。一是重现象描述，轻理论归纳。过去研究大多停驻于概念解释和现象介绍的层面，且多集中在"城镇化与环境耦合关系"或"城镇化环境问题"的探讨上，缺乏完整和系统的理论分析，特别是城镇化对环境影响的机理和城镇化进程环境演变等一般规律的探究尚不足。二是研究层面较泛，缺乏深度演绎和全面整合。来自不同学科背景的学者对城镇化进程的环境问题展开了较为广泛的讨论，方法不一、观点多样，研究层面涉及环境系统的各个领域及其变化的各种影响因素，缺乏综合性的整体研究和总体把握。其次，从研究的地域范围上看，由于受到统计数据缺失和遥感等数据成本较高的限制，城镇化环境效应研究还多集中在全国、省域层面以及重要城市化地区如京津冀、长三角、珠三角等地区上。另外，由于目前我国尚未全面开展小城镇有关统计工作，对小城镇的环境效应研究受到数据资料的限制，尤为滞后（李宇等，2006）。为此，总体上看，城镇化的环境效应研究尚处于起步阶段，研究角度和方法有待深化，特别需要构建一个完整的理论框架，并进一步加强地级市、县城和城镇地域范围的城镇化环境效应实证研究。

（三） 进一步研究的重点

过去城镇化环境效应的研究，基本上以"资源消耗、污染排放、生态退化、人居环境"为基本面、以城镇化的环境问题和环境约束下的城镇化模式探究为主线、以可持续发展为研究的最终落脚点。目前学术界的共识有两点：一是城镇化对环境会造成影响；二是城镇化与环境质量之间的简单数理描述研究已经不能满足地区战略发展的需要。

针对中国的城镇化环境问题，李双成等（2009）研究指出，城市化进程会使生态系统的结构、过程和功能受到影响甚至发生不可逆转的变化，包括耕地资源流失、水资源稀缺、能源压力、城市地区环境污染加剧和生态占用扩大化等环境问题；今后，需要通过机制模型、数理模型和实地监测模拟中国城镇化过程，研究资源与生态环境约束下中国未来城市化的可能情景及其风险评估。另外，Clement（2010）通过文献综述总结认为，城镇化的环境效应如何实现是城镇化与自然环境关系研究的焦点。

为此，本研究尝试以城镇（市）化的基础理论为支撑，紧紧围绕环境效应这一主题展开三个方面的系统研究：一是城镇化的环境效应机理（机理模型），从多驱动力因子角度全面、系统地梳理城镇化驱动环境效应的基本过程；二是根据机理模型框架，推导城镇化环境效应的变化趋势；三是基于城镇化环境效应的理论分析框架，对中国城镇化环境效应进行实证研究，包括城镇化环境效应现状和城镇化环境风险预警分析以及绿色城镇化战略思考。

第三章　城镇化环境效应内涵
及其机理模型

本章是绿色城镇化研究的"脑体"部分,主要在诠释城镇化环境效应内涵的基础上,构建城镇化环境效应的机理模型。首先,对城镇化环境效应的内涵及分类进行梳理,并对其属性进行总结概括。其次,对城镇化进程中环境效应变化的驱动因子、逻辑关系及其对环境系统变化的总体作用机理进行分析和归纳,在借鉴鱼骨因果解析和系统动力学思想的基础上,构建城镇化环境效应的 D－M－E 机理模型,为后续研究做思路铺垫和理论支撑。

一　城镇化环境效应的内涵及其类型

在梳理城镇化、环境系统和环境效应基本概念的基础上,从广义和狭义两个角度对城镇化环境效应的概念进行界定,同时对环境效应主要属性、基本类型进行归纳。

(一) 对城镇化、环境系统和环境效应的认识

1. 城镇化

城镇化(Urbanization)指农业人口不断向非农产业(第二、三产业)集聚的城市或集镇转移,同时,城市生产和生活方式向农村地区扩散、城市文明逐渐向农村普及,传统的乡村社会向现代先进的城市社会转变的基本过程。区别于"城市化"一词的表述,"城镇化"主要是鉴于中国建制镇发展这一基本国情。因此,从地理空间变化上看,城镇化是人口

活动向大、中、小城市以及集镇集聚的过程。

从环境演变的角度，城镇化就是人类为满足消费需求而不断消耗资源和排放废弃物并创造物质和精神文明的过程，即城镇地区灰色空间（水泥地连片、建筑丘陵化）逐渐吞噬绿色空间（田野、树木、湿地等）、城市景观逐渐向乡村地区蔓延的过程。

2. 环境系统

国家环保总局规划与财务司指出，环境有社会环境和自然环境之分，其中自然环境指人类赖以生存、生活和生产的自然条件和资源的总称，包括大气、阳光、水、土壤、森林、草原、生物和矿藏等自然资源要素。[1] 本研究专指自然环境系统，包括非生物系统和生物系统。其中，非生物系统有温度、光、辐射、水、大气、陆表以及其他如噪声和明火等；生物系统是指各种生物有机体等。一般地，环境系统具有变动性、稳定性、资源性和价值性等重要特性。[2]

变动性是指在自然、人为或者两者共同作用下，自然环境的内部结构和外部状态始终处于不断变化中，环境系统的各要素或组成部分之间通过物质、能量的交互作用，在不同时刻呈现不同的状态。为此，从环境哲学角度看，环境系统具有不可逆性，变动是绝对的。

稳定性是指环境系统在一定条件下具有自主调节功能。环境结构和状态在外部作用力下，所发生的变化在不超过一定限度时，环境在自主调节功能作用下（生态系统的恢复、水体自净等），会使环境负效应变化消失，环境结构可以恢复到变化前的状态。为此，在人类活动中，并不是废弃物排放一定会导致环境恶化，只有当超过一定的阈值之后，才会发生。

资源性是指环境系统为人类存在和发展提供了物质条件和空间，包括空气资源、生物资源、矿产资源、淡水资源、海洋资源、土地资源、森林资源等。另外，根据马斯洛（Maslow）需求层次理论，随着人们需求层次

---

[1]　国家环保总局规划与财务司：《环境统计知识手册》，2007。

[2]　中华人民共和国环境影响评价方法与规划、设计、建设项目实施手册编委会、全国人大常委会法制工作委员会经济法室：《中华人民共和国环境影响评价方法与规划、设计、建设项目实施手册》，中国环境科学出版社，2002。

的提高，人们会越来越注重美好人居环境给自身带来的精神享受，这同样是环境资源性的体现，诸如城镇地区保留或建设生态涵养区等。

价值性是指由于人类对环境需求的增长导致环境系统要素的稀缺，从而体现其价值。应该说，在人口较少的农业社会，由于农业生产本身是一个自然生产的过程，人类活动对环境的影响较小，人们对环境基本无价值意识。但是到了工业化、城镇化社会阶段，人类活动对环境的干预程度越来越加强，环境问题、环境压力出现，环境价值①得到体现。

3. 环境效应

环境效应②，一般指社会经济活动和自然事件对环境成分的直接或间接效应而引起环境系统结构和功能的变化，是对环境产生影响的结果。显然，环境效应按促成原因可分为自然环境效应（以地能和太阳能为主要动力，引起环境中的物质相互作用所产生的环境效果）和人为环境效应（人为活动所引起的环境质量变化和生态结构变化的效果）。

（二）城镇化环境效应的内涵

1. 概念界定

显然，城镇化环境效应是考量城镇化这一人类活动对环境变化的影响。为了研究的方便，这里认为，城镇化的环境效应有广义与狭义之分。广义上，城镇化环境效应指人类在城镇化进程中，通过一切生产和消费等经济社会活动及其派生的其他所有类型的人类活动所引起的环境系统结构和功能的各种变化结果。狭义上，城镇化环境效应指污染效应。城镇化的污染效应指城镇化过程中的各种人类活动，引起有害物质（废气、废水、废渣、噪声、辐射及其他类型有毒物质等）进入环境系统，造成

① 说明：环境价值具有动态性和不唯一性。当对未受到人类活动干扰的自然生态区和城镇化地区进行对比时，就有了这样的认识，即自然生态区环境优于城镇化地区，那么是否人类就不应该有城镇化进程呢？回答这一问题，就涉及个体或者群体的价值判断标准。我们知道，价值判断标准自身就是动态变化的，而且受到主体文化传统、道德观念及其社会形态意识的影响。
② 《中国百科全书（环境科学）》（陈业材）中指出，环境效应即"自然过程或人类活动造成的环境污染和破坏，引起环境系统结构和功能的变化"。该定义侧重考虑人们较常关心的环境负效应（或称作"环境问题"），本研究兼顾环境正效应，如环境修复、建设与改善等。

环境污染和破坏，导致城市或地区生态环境结构和功能的恶化甚至变异，进而对人类或其他生物的正常生存和发展产生不利影响的现象。一般地，从污染物排放的来源看，主要有两大类。一是自然过程导致的污染，包括生物污染（老鼠、蚊虫、细菌等）和非生物污染（森林火灾、火山爆发、泥石流等）；二是人类活动过程导致的污染，包括生产性污染（工业、农业、交通、科研等造成的污染）和生活性污染（住宅、学校、医院、商业带来的污染）。[①]城镇化过程的污染效应，属于人类活动导致的污染，包括城镇化进程中的生产性污染和生活性污染，既包括对自然生态系统造成的大气环境、水体环境、土壤环境等的污染，也包括对人类感官系统带来的诸如噪声污染、光污染等。

2. 主要属性

城镇化环境效应的属性集中反映城镇化进程中人类活动带来的环境效应的内在特征。主要有综合性、阶段性、扩散性、累积性和区域性等五大属性。

（1）综合性。城镇化环境效应的综合性主要体现在三个方面。一是城镇化进程中人类活动直接或间接地驱动环境系统的各个领域发生变化，广义上影响的领域包括自然资源、生物多样性、地理环境等在内的生态系统；从狭义上看，城镇化的环境污染包括来自废气、废水以及固体废弃物等污染源对水体、大气、地表等各个层面的污染效应。二是从环境效应结果看，既有环境负效应，也有环境正效应。三是从城镇化作用机理上看，人口向城镇集聚会通过集聚经济、知识积累、消费升级、产业演进等方面综合作用于环境效应。

（2）阶段性。城镇化进程中的环境效应总是以不同强度的形式存在，因此城镇化的环境效应是一个动态过程。这种动态变化具有阶段性。一是从人类文明进步和人类价值追求的角度看，在城镇化初期阶段，农业社会占主导地位，经济发展落后，解决温饱问题的物质追求或经济利益

---

① 中华人民共和国环境影响评价方法与规划、设计、建设项目实施手册编委会、全国人大常委会法制工作委员会经济法室：《中华人民共和国环境影响评价方法与规划、设计、建设项目实施手册》，中国环境科学出版社，2002。

往往优先于环境保护和建设；在城镇化中后期阶段，环境福利追求逐渐引起重视。二是在不同的城镇化阶段，由于驱动环境系统变化的主导因子会发生变化，从而环境效应形式也会发生变化。在城镇化初期阶段，为满足人类物质需求而扩大生产带来高消耗、高污染；而到了城镇化中后期，技术进步、产业结构升级等促使资源消耗和污染排放趋于下降，在这一时期，环境效应主要体现在城镇地区的城市环境公害方面。

（3）扩散性。由于一定时期内特定区域的环境效应具有不可分割性，特别是大气和流动水体如果受到污染，会从一个区域传播扩散到其他区域，因此城镇化的环境效应具有扩散性。这种扩散，在空间上主要有两个方向：一是环境效应从城镇地区向农村地区扩散，例如城市环境污染包括工业污染和生活污染向农村地区转移[1]；二是环境效应从一个地区扩散到另一个地区，主要是大气污染在气流的作用下、水体污染在水流的作用下影响到其他地区。在缺乏生态补偿机制和环境政策不完善的情况下，环境问题尤为突出，环境污染向区域外扩散，呈现一种全局性的生态环境恶化趋势。[2]

（4）累积性。一般地，城镇化进程中资源的消耗、废弃物的排放会使原生态自然环境发生变化，严重情形下环境恶化呈不可逆转趋势。为此，环境负效应的累积性主要表现在城镇化进程中各种活动对环境的破坏累积达到一定的程度（临界值），会导致环境系统的退化和环境质量的显著恶化。当然，在城镇化进程中，生态建设和环境保护的环境正效应同样具有累积性作用，正效应累积的结果就是不断抵消环境负效应，促进环境质量趋于改善。

（5）区域性。首先，自然环境和生态系统具有地域性特点，一个地区的城镇化活动，比如城镇大型工程建设和工业生产会对该城镇化地区的生态系统带来直接影响，环境效应会因为城镇化活动的强弱而具有区域差异。一般地，生态脆弱地区的城镇化承载力相对较低。其次，不同

① 王益谦等：《城镇化进程中的农村环境问题及其对策》，《西部管理经济论坛》2011 年第 1 期。
② 侯凤岐：《我国区域经济集聚的环境效应研究》，《西北农林科技大学学报》（社会科学版）2008 年第 3 期。

的城镇化模式对环境的影响具有差异性。以高消耗、高排放、高扩张为基本特征的粗放型城镇化模式下的环境负效应显著；相反，节能低耗、高效可持续的绿色城镇化模式下的环境正效应显著。为此，城镇化模式的差异会导致环境效应具有区域差异性。

以上五大属性相互联系、相互渗透、不可分割，构成城镇化环境效应的综合属性。为此，要研究一个地区的城镇化环境效应，必须同时考察这五个方面的基本属性。

（三）类型归纳

一般地，人们对城镇化环境效应的认识至少有以下几个视角：一是对具体环境受影响领域的认识，比如河流湖泊污染、空气治理、土壤结构、生物多样性等的变化；二是对周边自然生态环境变化的一个总体的判别认识，即人居环境从感官上有"好"与"坏"之分；三是对环境影响的作用方式认识到有物理反应和化学反应之分；四是其他各种可能的认识视角等。相应地，基于不同的视角，城镇化环境效应分类各有差异。

首先，从城镇化环境效应的定义上就有广义和狭义之分，进一步地，无论是狭义上的城镇化污染效应，还是广义上的城镇化活动所引起的一切环境系统功能和结构的变化，都使环境系统在不同程度上发生变化。具体地，可以从城镇化对环境影响的要素层面，把城镇化环境效应划分为资源效应、生物效应、地学效应、景观效应等。

（1）资源效应，即城镇化进程中对能源、自然资源等的利用与再利用，由此带来的自然生态环境上的变化。主要包括两个方面：一是城镇化过程，对水资源、土地资源、森林资源、矿产资源、能源的消耗；二是不可再生资源（各种矿物、岩石和化石燃料等）的循环利用和可再生资源的再造与循环利用。特别是在对自然资源的提取过程中，例如矿产资源开采、地下水利用等会间接引起其他效应变化。在一定技术条件下，城镇化进程中需求规模的扩大会强化资源效应，当然，城镇集聚作用也有利于资源的集约。

（2）生物效应，即城镇化进程引起的生物系统变化。一是城镇化建设引起的生物效应。例如，在城市开发中，在原来是森林、农田、湖泊等非建筑或工业开发用地的地域上，推进交通基础设施、城市建筑物、大型工程、工业生产实施等建设，使得局部范围的生态系统发生改变，植物被砍伐、湖泊被填埋、农田减少、动物的栖息地消失，生物系统在一定程度上发生不可逆的变化。二是城镇化污染引起的生物效应。例如，在城镇化过程中，大量排放的废水、废气及固体废弃物等有害物质，会破坏大气、土壤以及水体环境，破坏生物链，导致部分动植物数量的减少甚至灭绝等，最终引起生物结构的变化；更为严重的是对农业生态系统造成破坏，不仅减少农业产量，而且威胁到农产品的质量和安全，从而影响人类的健康饮食。当然，城镇化进程有生物正效应作用，例如，城市在建设中虽然本土生物种类会明显减少或少于农村地区，但是可以通过引进新物种从而增加城市地区的生物多样性[①]；另外，城市生态修复与景观建设会优化生态环境，促进生态系统健康发展。

（3）地学效应。地质环境是由岩石、浮土、水和大气等物质组成的体系。城镇化进程引起的土壤、地质、气候、水文[②]的变化甚至自然灾害等，通称为城镇化的环境地学效应。例如，土地的城镇化（水泥地连片）会改变地质结构，废弃物排放会造成土壤污染；地下水、人工跨区域调水、水道管网的建设等会改变水文环境；二氧化碳的高排放导致的温室效应引起气候变化，城市建筑储存的热量增加夜间的大气对流循环；采掘工业的开采活动促使资源地区岩层发生变化，引起地质结构的变动，甚至滑坡与塌陷等。

（4）景观效应。城镇化的环境景观效应，指城镇化建设带来的地区景观[③]变化。城镇建设会将岩石、沙土、加工后的建材、植物（城市景观树、绿化花草等）从一个地方迁移到另一个地方，改变原有的地表形态、地貌结构并创建新的地表景观。例如，城市建筑物丘陵化（见图3-1）、

---

① Wang Y. G. et al. 2009. Impacts of Regional Urbanization Development on Plant Diversity Within Boundary of Built-up Areas of Different Settlement Categories in Jinzhong Basin, China. *Landscape and Urban Planning*, Vol. 91, No. 4.

② 水文，即水的时空分布，指自然界中水的变化、运动等各种现象。城镇化过程会改变或消除许多水文循环的自然路径。

③ 景观，指反映统一的自然空间、社会经济空间组成要素总体特征的集合体和空间体系，包括自然景观、经济景观、文化景观，这里主要指自然景观。

交通线路的网络化、山地丘陵的平整化、耕地的工业化、城市绿化带的修建、旧城拆除与新城建设、垃圾围城与扩散，等等。城镇化进程中的景观改变同样有正负效应之别。城镇化过程中的景观负面效应包括：景观单元的大量流失与区际失调、景观结构的单一化、城镇地区景观破碎度的增加、景观连续性较差和通达性较低等。[①] 可见，城镇化建设应尽可能减少不必要的景观负面效应。

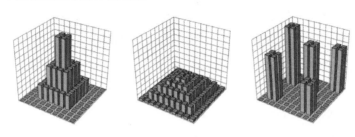

图 3 - 1　城市建设形态的示意

资料来源：Hogan and Ojima（2008）。[②]

其次，从环境效应结果看，有积极和消极作用之别，为此有城镇化环境的正效应与负效应之分。实质上，在城镇化进程中，正负效应时刻并存。当负效应大于正效应时，环境质量趋向恶化；当正效应大于负效应时，环境质量趋向改善；两者的抵消效应是城镇化驱动环境变化所产生的结果，最终体现在环境质量上。在城镇化进程中，由技术进步、集聚效应以及产业结构升级、经济增长等带来的资源集约利用、污染排放减少、环境建设能力增强、城镇生态文明形成等都属于城镇化的环境正效应。负效应表现在资源高消耗、废弃物高排放、地表结构变化、生态破坏、生物多样性受损以及气候变化等，环境质量趋于恶化。例如，大气污染、城市热岛（雾岛/干岛等）、水资源短缺和水体污染、土壤退化、景观破坏、生物多样性减少、酸雨危害、垃圾围城等都属于城镇化的环

---

① 陈彩虹、姚士谋、陈爽：《城市化过程中的景观生态环境效应》，《干旱区资源与环境》2005 年第 19 卷第 3 期。

② Hogan D. J. and Ojima R. 2008. Urban Sprawl：A Challenge for Sustainability, Report for The New Global Frontier-Urbanization, Poverty and Environment in the 21st Century, Edited by George Martine, Gordon McGranahan, Mark Montgomery and Rogelio Fernández-Castilla, Earthscan.

境负效应。

再者，由于物质相互影响与作用的方式无外乎物理作用和化学作用，因此从城镇化对环境影响的反应方式上看，有物理和化学效应之别。城镇化对自然环境的影响是通过一次或多次物理或化学作用，最终改变环境的原态的。

（1）物理效应，指城镇化建设中各项活动由声、光、热、电、辐射等物理反应①作用引起的环境效应。例如，城市工厂、家庭炉灶、车辆行驶大量排放废热以及城市建筑物、街道等辐射热量等产生城市热岛效应；二氧化碳排放量增加产生的温室效应；扬尘、烟灰使大气混浊而产生的混浊岛效应；大量开采地下水引起的地面沉降；城市工程建设和汽车鸣笛等引起的噪声；城市地区降水引发的城市洪涝；城市地表水泥地连片等。

（2）化学效应，指城镇化的各项活动引起的环境物质要素之间相互作用并通过化学反应②作用所引起的环境效应。例如，城镇化进程中大量消耗煤、石油、天然气等化石燃料，燃烧后产生硫氧化物或氮氧化物，在大气中被云、雨、雪、雾吸收而形成酸雾或酸雨导致环境酸化；含有可溶性盐类成分的工业废水排放到陆地表面导致土壤的盐碱化；含有各种阳离子成分的污染排放（重金属元素的废水）经过化学作用使得水中的钙离子、镁离子等阳离子含量增加引起水质硬化；城镇工厂排放的氮氧化物和汽车尾气等污染物在气温较高、强太阳辐射的条件下通过光解产生光化学反应，形成光化学烟雾等。

最后，从城镇化作用环境效应的过程上看，有直接环境效应和间接环境效应之分。人类城镇化活动所引起的资源开采和资源利用，以及由于城镇化建设引起的地质环境或景观变化都属于直接环境效应。由于资源消耗引起的污染排放，以及由于污染排放引起的生物多样性减少、人居环境质量下降等都属于间接环境效应。

可见，城镇化环境效应根据研究的需要以及研究视角的差异具有不同的分类方式，不同类型的环境效应之间又相互交叉。例如，在废水污

---

① 物理反应是指物质的状态或存在的形式发生了改变，而物质本身的性质没有变化。
② 化学反应是指分子破裂成原子，原子重新排列组合生成新物质的过程。

染排放过量导致水体环境恶化、减少流域生物多样性这一案例中，包含水污染效应、生物效应、间接效应等。

综上，对城镇化环境效应的概念认识和类型划分有助于对城镇化环境效应进行理论分析。在实际研究和讨论中，人们经常把"环境""自然环境""资源""生态""污染"等概念或问题混淆在一起。虽然这些概念之间有一定的联系，但是具有实质差别，在研究过程中应该严格区分和界定具体的研究对象。

二　城镇化环境效应机理的 D – M – E 概念模型

根据城镇化基本内涵和理论基础，通过梳理城镇系统中环境变化的驱动因子及其驱动环境变化的内在逻辑，总结环境效应变化的主要方面，结合鱼骨因子分析法和系统动力学思想，构建城镇化驱动环境系统变化的环境效应机理模型。

（一）　城镇化驱动环境变化的内在逻辑

作为人类社会发展的必然趋势和基本规律，城镇化是一个复杂的空间形态变化和社会、经济发展的过程。在这一过程中，人口逐步向城镇转移、农业活动向非农业活动转化的工业化及产业升级持续推进、城镇空间规模不断扩大、城镇社会文明趋向进步。一方面，城镇化吸引各种要素包括人口、资金、科技、服务、信息等在城镇地区集聚；另一方面，城镇化具有向外扩散性，例如城市影响、城市带动、城市传播。在本研究中，分析城镇化进程中经济社会结构变迁对环境系统结构及其功能演变的影响，需要建立在以下四点基本认识之上。

（1）城镇化是一个动态过程。重申此点，意在说明本研究中将充分考虑城镇化对环境影响的动态过程，分析环境效应在不同城镇化阶段的差异性。其研究重点，不是分析城镇与农村地区对环境影响的差别，而是考察城镇化进程中的环境演变。

（2）城镇化的环境效应不局限于城市（镇）环境效应。由于一定地域范围内的环境影效应具有不可分割性，特别是城镇地区的环境效应

（污染排放）有时会扩散转移到农村地区。因此，本研究在地域空间上不对农村地区和城镇地区进行分割，即在考察一个地区城镇化对环境的影响时，是考虑城乡一体化区域，而不仅仅局限于城市（镇）地区。

（3）工业化内生到城镇化中。工业化和城镇化是相互作用的人类活动过程。为考察城镇化进程中产业演变对环境的影响，本研究将工业化内生到城镇化之中，即将工业化对环境的影响和效应特征归类到城镇化进程中。

（4）对城镇化的内涵进行必要细分。城市化至少包括以下几个层次：一是经济城市化（工业化及第三产业发展）；二是人口城市化（农业人口转化成非农人口）；三是生活方式的城市化（生活方式、行为习惯和价值观念等的变化）；四是人居环境城市化（污染治理和环境建设等的变化）。[1] 另外，有学者曾构建城镇化的概念模型，[2] 即 $U = f(E, P, H, P_0, O, N)$，其中，$U$ 为城市化发展，E 表示经济发展、P 表示人口发展、H 表示历史基础、P_0 表示政治环境、O 表示未考虑的其他因素，N 为自然环境条件，认为各种要素的变化驱动着不同的城市化模式。可见，城镇化进程是一定地域内经济社会系统复杂的变迁过程，非农人口向城镇人口转变是城镇化的重要表征。但是，决定城镇化环境效应的因子不局限于人口的迁移，或者说在人口从农村向城镇迁移中会派生出其他动力因子，即除了人口城镇化之外，土地（空间）城镇化（自然环境变化）、经济城镇化（产业演化及环境治理等）、社会城镇化（城市文明进步）等，都会对自然环境带来不同类别和程度的影响（见图 3-2）。

根据概念界定，城镇化的环境效应就是城镇化给环境带来的各种影响结果。其中，城镇化进程是环境变化的驱动力，各种环境变化的表现形式是具体的环境效应结果。为此，从逻辑上看，城镇化环境效应研究就是基于经济学视角，从城镇化的角度来研究人类活动的环境效应。从环境系统受影响领域来看，城镇化影响环境变化主要有两个方面的原因：

---

[1] 张松青等：《城市化发展水平综合评价研究》，载于《中国城市发展报告 2004》，中国统计出版社，2005。

[2] 汤茂林等：《立足国情、以问题为导向研究城市化——对推进我国城市化研究的若干思考》，《经济地理》2007 年第 27 卷第 5 期。

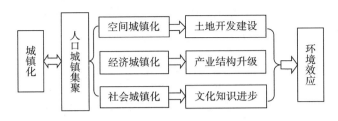

图 3-2 城镇化特征的分解

一是城镇化进程需要不断地从自然系统中汲取物质能源从而改变环境系统的物质结构；二是各种生产和消费活动会排放大量的废弃物到自然环境中从而影响环境质量（见图 3-3）。由于环境影响在一定程度上具有不可分割性，城镇化环境效应处于扩散、转化、稀释之中。

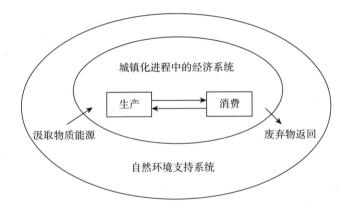

图 3-3 环境—城镇化经济系统关系

资料来源：参考张敦富（2005）① 和刘传江、侯伟丽（2006）② 绘制。

显然，研究城镇化的环境效应要在分析城镇人口集聚的基础上，研究土地开发建设、产业结构升级以及文化知识进步对环境系统带来的资源消耗和废弃物排放的影响。进一步，从密度上看，人口等要素在城镇地区集聚会产生集聚经济和技术进步；从规模上看，人口集聚会扩大城市规模，除了城市建设规模之外，还有消费规模的扩大和升级。按照西方经济学总供给和总需求的基本理论和分析框架，消费需求拉动供给，

① 张敦富：《城市经济学原理》，中国轻工业出版社，2005。
② 刘传江、侯伟丽：《环境经济学》，武汉大学出版社，2006。

供给来自生产。因此，城镇化环境效应最终落到生产环节的资源消耗和污染排放上（见图3-4）。

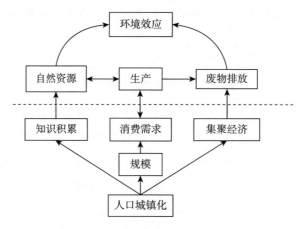

图3-4 城镇化环境效应的内在逻辑

可见，研究城镇化环境效应的作用机理关键要抓住三个要点：一是集聚是城镇化的根本特征，集聚经济是研究的起点；二是人口集聚通过集聚经济、知识积累、城镇规模的扩大，作用于生产和生活消费活动；三是资源消耗和污染排放可作为环境效应的落脚点。

另外，值得一提的是，有必要梳理一下城镇化环境效应与经济增长环境效应的关系。一直以来，学术界都很关注经济发展对环境的影响。从经济现象上看，追求经济的快速发展导致资源过度消耗和污染排放。因此，不能脱离经济增长来研究环境。实质上，经济增长的本质是消费需求的增长，是消费刺激产出的增加。这从本质上就可以把经济增长作为消费和产出的函数来研究其对环境的影响。从城镇化带动全社会消费需求增长的逻辑推演上，研究城镇化对环境的影响，实质上已经把经济增长问题内生进来。近年来，也有不少实证研究证实城镇化和经济发展具有长期的均衡关系，特别是城市建设用地的扩张更能推动经济增长和加速城市化进程。[①] 因此，城镇化环境效应研究，一是不否定经济增长对环境的影响，二是经济增长是城镇化环境效应的内生因素。

---

① 赵可、张安录：《城市建设用地、经济发展与城市化关系的计量分析》，《中国人口、资源与环境》2011年第1期。

（二）城镇化环境效应的机理模型

城镇化环境效应的形成机理，是指城镇化过程中各要素变化及其相互作用导致环境变化的基本作用原理，是城镇化进程影响环境系统及其结构变化的基本路径。实质上，城镇化进程中环境系统变化的各种驱动因子并不是独立起作用的。一方面，各类因子之间存在相互影响与作用的关系；另一方面，各类因子同时驱动环境系统的变化。为此，需要在梳理各类因子相互关系的基础上，建立城镇化环境效应的机理模型。

1. 建模思路

首先，在城镇化驱动环境变化的逻辑基础上，借鉴日本管理学家石川馨（Kaoru Ishikawa）提出的鱼骨因果解析图（Fishbone-Cause & Effect Diagram）[①] 对城镇化驱动环境效应的因子系统进行梳理（见图3-5）。这里将知识积累、产业演进、规模增长和集聚效应作为城镇化驱动环境变化的主要因子。显然，驱动环境变化的城镇化因子具有层级性和多样复杂性的特点。

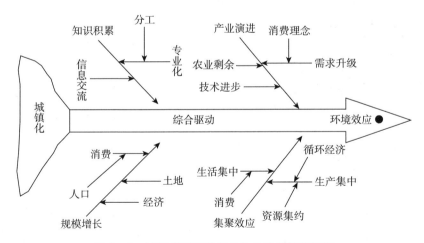

图3-5 城镇化环境效应的鱼骨因果解析概要

其次，根据1956年美国福瑞斯特（Forrester）教授创立的系统动力

---

① 李雪松：《鱼刺图战略分解法在绩效管理方案设计中的应用》，《科技咨询导报》2007年第3期。

学（System Dynamics）分析思想[①]，把相互区别但相互关联和具有影响关系的城镇化环境效应驱动因子构成一个综合的动力系统集，其中每个单一驱动因子为一个子系统。这里，假设驱动力系统集为 U，子系统为 u_i，则 t 时的驱动力系统集可记作：

$$U(t) = \begin{bmatrix} u_1(t) \\ u_2(t) \\ \vdots \\ u_i(t) \end{bmatrix}$$

从理论上看，每个子系统发生作用应该存在一定的干扰项，记作 ε_i，则 t 时的干扰项系统可以记作：

$$\varepsilon(t) = \begin{bmatrix} \varepsilon_1(t) \\ \varepsilon_2(t) \\ \vdots \\ \varepsilon_i(t) \end{bmatrix}$$

每一个子系统的干扰项至少来自三个方面：一是系统外的干扰，如非城镇化的因素、自然因素、偶发因素等；二是子系统之间相互作用下各子系统之间的干扰作用因素，因此任一子系统的发挥都可能受制于其他子系统的作用力大小、方向和速度等；三是环境效应对子系统或系统集的反馈作用力，这主要考虑到环境系统的变化会反过来约束或驱动城镇化进程。另外，可以令每个子系统的环境效应，即系统的输出变量为 E_i，则环境效应集可以记作：

$$E(t) = \begin{bmatrix} e_1(t) \\ e_2(t) \\ \vdots \\ e_i(t) \end{bmatrix}$$

于是，t 时驱动力系统的状态变量可以表示为：$\dot{U}(t) = f_i(u_1, u_2 \cdots u_i;$

---

① 王其藩：《系统动力学》，清华大学出版社，1994。

ε_1，$\varepsilon_2\cdots\varepsilon_i$；$t$），$t$ 时的环境效应输出变量表达式可以记作：E（t）$= g_i$（u_1，$u_2\cdots u_i$；ε_1，$\varepsilon_2\cdots\varepsilon_i$；$t$）。显然，驱动力系统的状态变量和环境效应输出变量都取决于驱动力集变量、干扰项变量和时间变量。

可见，要研究城镇化环境效应必须充分考虑三个基本要素：一是子系统驱动力，包括驱动力的方向、大小和作用功能；二是驱动力作用的干扰项，既包括各子系统之间的相互作用关系，也包括其他自然界干扰和未充分考虑和未预料到的一切潜在的可能因素；三是动态的时间变量，每个子系统的作用力方向和大小会随着时间的变化而发生改变，而且人们对环境福祉有时间上的偏好，在解决饥饿、满足温饱的社会发展阶段，人们会以牺牲环境为代价谋取生存需求，但当进入小康和富裕社会阶段，人们对生存环境或环境福祉就有了更高的追求。为此，可以结合鱼骨因果关系图，根据系统动力学的基本思想，得到城镇化环境效应机理模型的基本构造思路（见图 3 - 6）。

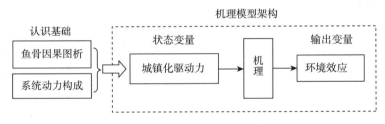

图 3 - 6 城镇化环境效应机理模型的构造思路

2. D - M - E 概念模型

基于系统动力学思想，这里的驱动力本质上是城镇化的基本过程，在这个过程中，各种要素的变化综合驱动着环境系统的演变，为此可以将城镇化进程中的人类活动分解为几个有机组成的驱动力因子子集。机理就是指城镇化进程中各驱动力因子对影响环境的具体作用功能和方式。根据图 3 - 6，城镇化环境效应机理模型由"城镇化驱动力"（Drivers）—"机理"（Mechanisms）—"环境效应"（Effects）三要素构成，简称 D - M - E 概念模型。

根据以上分析，城镇化环境效应的子驱动力为要素集聚、知识积累、产业演进和城镇规模增长四个方面。要素集聚包括围绕人口的生产要素和生活要素集聚；知识积累进一步可细分为技术进步、理念创新、制度创新等；产业演进主要是随着人口消费需求的升级而发生的产业结构的梯级演进；城镇规模增长集中体现在土地规模、人口规模以及消费规模等的增长上。各个驱动因子之间相互联系、相互影响、相互制约，并共同作用于环境变化。因此，城镇化环境效应机理作用是一个复杂的驱动力结构。根据四大影响因子的特点及其对环境的正负效应，总结得到城镇化对环境系统的机理作用包括以下几个方面。

一是产业演进的结构功能（Structuring Function）。在城镇化进程中，由于产业结构的演进，主导产业会发生变化。一般地，在城镇化初期，农业占主导作用，这一时期环境变化主要来自农耕生产，包括对土地和水等基本资源的占有以及相关农业活动，例如灌溉、施肥等对自然环境带来的影响。农业活动对环境的影响总体上不大。随着城镇化的推进，到了工业和建筑业占主导作用的阶段，环境影响相对较大。主要是由于工业生产需要大力开采、消耗自然资源和能源并排放各种废弃物等；同时，建筑业会改变地质结构以及地貌形态。到了第三产业占主导地位的城镇化阶段，环境影响相对前一阶段较为缓和，这一阶段主要是生活消费对环境带来各种影响。可见，城镇化进程中的产业发展对环境影响具有较为显著的结构性作用。

二是知识积累的优化功能（Optimizing Function）。一般地，知识积累总是正向作用于环境系统，它对环境系统具有优化功能。这主要包括两个方面：一是随着城镇化的推进，城镇文明的进步，人类社会文明总体趋于不断进化，特别是生态文明逐渐形成，有利于环境保护与改善；二是知识积累促进各种创新，包括技术、制度、管理等各个领域的全面进步，从而有益于促进各种生产和生活活动的绿色化进程。当然，人类的知识积累的优化功能在一定阶段具有相对性，不排除某些技术进步可能会带来突发性的环境负效应事件。不过，从整体上看，知识积累驱动环境系统总体趋于优化，有益于环境建设和环境质量的改善。

三是要素集聚的共生功能（Symbiosis Function）。各种要素空间上的集聚是城镇形成与扩张的基本动因，是城镇发展的一个基本特征。要素在城镇地区的集聚带来人类生产、生活活动在空间上的高度集中，这种集中带来的环境效应至少包括两个方面。一是由于各类活动的集中，有利于人口、资金、技术、信息、服务、产业等的集聚，客观上促进节约利用资源、减少环境污染，同时便于集中防治污染，有利于改善环境质量。二是超过规模或承载力的集聚会引起城市热岛效应、光污染与噪声污染、垃圾围城、污染扩散等，人居环境质量被降低。可见，要素集聚在很大程度上会带来环境正负效应共存。

四是规模递增的控制功能（Controlling Function）。城镇人口、消费需求、空间开发以及经济产出的总规模在一定程度上决定着环境效应的规模，因此城镇化进程中各种层面的规模对环境系统具有控制作用。一方面，城镇人口增长、土地扩张、产出增加、消费扩张要求向环境系统索取更多物质能量，加大资源能源消耗与废弃物排放，从而增加对环境系统的影响。另一方面，经济规模的增长是人类富裕程度的一个重要衡量指标，随着城镇化的推进，促进社会物质形态从较为贫困逐步向相对富裕过渡，人类需求从满足最初的基本生存需求（主要是物质满足）到追求全面发展（包括生态安全和福利要求），而富裕型社会有更多生存剩余用于环境建设和环境质量改善。可见，规模总量对环境系统的变化具有较强的控制功能，最佳控制效果是同时实现最小化的环境负效应和最大化地满足总量需求。

为此，城镇化过程可以分解为要素集聚（Element Aggregation）、产业演进（Industrial Evolution）、知识积累（Knowledge Accumulation）和规模递增（Scale Increasing）四个相互作用的驱动力，每个因子对环境系统发挥着自身的功能，共同驱动环境变化（见图3-7）。这四大功能之间存在着错综复杂的关系，相互强化和制约，共同作用于整个环境系统。其中，环境效应变化有两个层次。一是从效应结果看，有正效应变化和负效应变化之分，相应地驱动着环境质量的恶化和环境质量的改善。二是从影响层面上看，城镇化驱动环境效应通过资源消耗、污染排放、环境公害以及资源集约、污染治理、环境建设等多个层面引起环境系统的变迁。总体上，在任何一个时段上，环境效应都有一个总体表征，即相对于过去环境原貌发生怎样的变化，或者环境质量是改善还是恶化。

当然，环境系统的演变也会反作用于城镇化进程，例如，资源约束

（"资源诅咒"）、环境容量制约等反馈作用于城镇化进程。与此同时，人类会对环境变化有各种反应措施，例如，改变发展模式、促进科技发展、突出生态文明、倡导绿色消费、健全法律法规等。本研究的侧重点在于城镇化如何驱动环境效应变化，对于环境效应的约束（Restriction）或反馈（Feedback）作用以及人类对城镇化环境效应的反应（Response）可作后续研究予以深化。

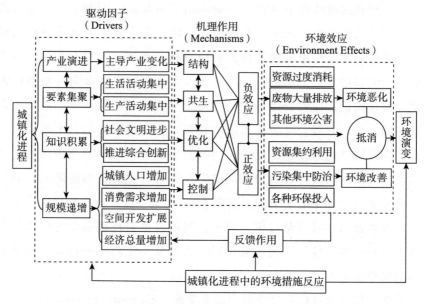

图 3-7　城镇化环境效应的 D-M-E 机理模型

3. 驱动因子的相互关系

研究城镇化的环境效应不能孤立地只看某一个驱动因子对环境的变化过程。实质上，作为人口活动的变化过程，城镇化有其自身的基本规律，在这个规律下各环境驱动因子相互强化、相互制约。

首先，人口向城镇地区集聚推动了城市土地开发，扩大了城市规模；各种人才和信息的集聚进一步促进了专业化和知识积累以及人类文明的进步；正是由于城市规模的扩大和知识积累的作用，全社会的消费需求进一步扩大并不断向高级化升级；需求的扩大和升级拉动了社会供给，即二、三产业的发展和向高级化演进。

其次，产业规模的扩大和产业结构的升级，可以进一步刺激消费需求、不断引导新的消费热点并促进消费升级；由于人类高级化的需求不断得到满足，促进了人的发展，进而有利于知识积累；产业演进、消费升级、知识积累等进一步形成对非城镇人口的吸引力，加速城镇化进程（见图3-8）。对应地，相互强化关系表明各环境因子之间同时具有相互制约关系，例如，知识积累缓慢就不利于产业结构的高级化进程，也就满足不了消费升级的需求，产业结构调整和升级滞后会阻碍消费升级以及要素集聚的高级化等。另外，经济增长因素包含在知识积累、城市规模增长、消费扩大与升级以及产业规模的扩大和结构演进的过程中，即把经济增长内生到城镇化驱动力系统中，不再另行考量。

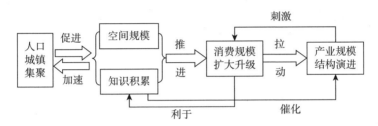

图3-8 城镇化环境驱动因子之间的强化关系

4. 机理作用的阶段性

在城镇化进程中，各个环境驱动因子共同起作用，为此结构、共生、优化和控制功能相互交错和互为影响。在城镇化的不同阶段，由于各驱动因子的作用力不一样，其驱动环境演变的作用功能及强度也具有阶段性差别。例如，国外有学者研究发现，根据生态现代化城市的基本理论，通过市场机制促进技术进步具有遏制碳排放的作用，但是这个方法只适用于高收入的发达国家，对于中低收入水平的后发国家而言，发展生态现代化城市作用力很小，无法达到预期目标。[1] 实质上，由于高收入国家一般都已进入城镇化的后期阶段，现代化程度较高；处于城镇化初期或中期阶段的经济体、国家或地区，其消费结构、消费规模不同于发达国家，并且环境建设能力、技术水平很有限，因此建设生态现代化城市较为困难或者不符合经济社会发展的阶段需求。由于机理作用力方向和强

---

① Lankao P. R. , 2007: Are We Missing the Point? Particularities of Urbanization, Sustainability and Carbon Emissions in Latin American Cities, *Environment and Urbanization*, Vol. 19, No. 1.

弱的阶段性或称作动态性，第四章将重点讨论为研究城镇化环境效应的变化趋势提供研究的切入点。

三　本章小结

本章内容是绿色城镇化研究的逻辑起点。首先，对城镇化环境效应的基本概念、属性和分类进行梳理，明确城镇化环境效应的所指。其次，基于城镇化和经济学等相关学科的基础理论，根据鱼骨因果分析法和系统动力学思想构建了城镇化环境效应的 D－M－E 机理模型，为城镇化驱动环境变化的研究提供逻辑框架。具体地，主要有以下结论。

一是城镇化环境效应有广义和狭义之分。广义上，生态、资源等都属于自然环境。在实际研究中，城镇化环境效应一般多指狭义概念，即污染效应。污染来自于人类对资源的消耗，包括生产活动和生活活动对资源的消耗，因此资源消耗构成城镇化与环境效应关系的一座桥梁。一言以蔽之，城镇化对资源的需求，导致污染排放等环境效应的产生。这一基本认识，为城镇化环境效应的生产函数分析奠定了逻辑基础。

二是城镇化环境效应具有综合性、阶段性、扩散性、累积性和区域性五大基本属性。认识城镇化环境效应的基本属性有利于深化对城镇化环境问题的研究；同时，也提示在相关问题的研究过程中，要综合考虑环境效应的所有属性特点，避免孤立和单一化的片面研究。其中，综合性表明城镇化环境效应研究要避免孤立地对单一因子或单一环境现象进行片面研究；阶段性为城镇化环境效应变迁研究提供了认识基础；扩散性指明城镇化环境效应研究不能只分析特定地区或城镇地区；累积性为环境效应风险提供了研究的切入点；区域性揭示了不同城镇化模式会导致不同的环境效应，比如资源型城市的环境问题等。

三是城镇化环境效应的 D－M－E 机理模型及其启示。城镇化驱动环境效应变化的动力集可以分为要素集聚、知识积累、产业演进和规模递增四个子驱动力集，各驱动力之间相互作用并发挥着各自的功能作用于环境系统，共同驱动环境系统演变。D－M－E 机理模型除了为城镇化环境效应研究提供了一个逻辑框架外，还有两个重要价值：一是要充分考虑城镇化驱动环境变化的动态性，即时间变量会导致驱动力的大小和方向发生改变，这里隐含的条件至少包括城镇化阶段性带来的时段变化和人们对环境福祉在时间上存在的偏好差异；二是在系统动力学理论基础上提出的环境效应 D－M－E 机理模型，对动力集赋予了丰富的内涵，如充分考虑干扰项因素，包括驱动力之间的作用力，以及自然环境对城镇化系统的反馈作用等，这也为城镇化环境效应的风险研究提供了分析的切入点。

第四章 城镇化环境驼峰效应的理论假说

根据城镇化环境效应机理模型，在城镇化过程中，人类活动通过四大环境驱动因子和四种作用功能，综合驱动着环境系统发生演变。那么，城镇化进程中环境变化是否有规律可循？其动态趋势特征如何？这是城镇化环境效应研究需要回答的重要问题。从国际经验看，例如伦敦的城市化率高达 90%，其人均生态足迹较英国平均水平低 1.5%，[①] 即当城镇发展成熟后，经济生态化将降低生态足迹和碳足迹。[②] 从国内的实证研究看，在城镇化的初期阶段，生态效率不断降低，随着城镇化的进一步推进，生态效率经过最低拐点后趋于上升。[③] 那么，环境质量是否就遵循随着城镇化的推进"先恶化、再改善"的动态演变规律？其前提条件是什么？对此，本章在城镇化环境效应机理模型的基本框架下，进一步对城镇化环境效应的影响因子进行机制分解，并研究环境效应的总体变化趋势。为了方便研究，我们从环境牺牲[④]的角度来考察城镇化进程中各驱动

[①] Calcott A. and Bull J. 2007: Ecological Footprint of British City Residents, http://www.wwf.org.uk/filelibrary/pdf/city_footprint2.pdf.

[②] 世界自然资金会、中国环境与发展国际合作委员会等：《中国生态足迹报告 2010》，http://www.wwfchina.org/wwfpress/publication/index.shtm。

[③] 张燕：《中国城镇化进程中生态效率的变化研究》，《工程研究——跨学科视野中的工程》2011 年第 3 期。

[④] 环境牺牲主要由资源消耗和废弃物排放引起，从广义上指一切环境损失。为了便于考察，仅考虑狭义概念，即将资源消耗引起污染排放的规模、强度作为环境牺牲值的大小。另外，随着城镇规模的增大，大中型城市的景观效应会逐渐增强城市的"五岛"效应以及光污染、电磁污染、噪声污染等环境负效应。由于本研究考察城镇化过程整个地区的环境效应，包括小城市（镇）地区以及扩散影响到的农村地区等，这里对大中型、特大城市的环境公害案例不予专门考虑，在风险研究政策建议部分再予讨论。

力对环境的影响。

一　环境驼峰效应的驱动因子分解

根据城镇化环境效应的机理模型，城镇化实质上是伴随着一个地区在工业化进程中各类生产要素、经济活动和人口向城镇地区集聚并且带动生产方式、生活方式等变化的一个过程，即城镇化就是要素集聚、产业演进、知识积累、规模递增四个基本面的变迁过程，在这个过程中，各个基本面相互交错、相互影响并通过直接或间接方式驱动着环境系统发生动态变化。因此，有必要对各因子对环境效应驱动的作用力方向和阶段变化趋势分别进行讨论，继而在个体研究的基础上，分析城镇化环境效应变化的总体趋势。

（一）　要素集聚

城镇是各种要素的集聚体。人口向城镇地区集聚，伴随其他经济要素如资金、原材料等向城镇地区集中，这种要素集聚会促进城镇规模的增长。因此，从这个意义上讲，城镇规模和集聚是一个问题的两个方面。国内外均有研究认为，城市人口密度与空间上的城镇土地开发呈反比例关系。[①] 不过，现实中城镇化进程中存在城镇土地开发与建设规模很大但城市集聚度相对不高的现象；也有单位城市土地面积要素集聚度很高但总体城镇规模不大的情况。以上两种情况对环境的影响具有差异性。因此，本研究对城市要素集聚问题和城市规模问题分开来讨论，即从密度上考察集聚，从总量上考量规模。

显然，要素集聚促进城镇的形成，城镇的进一步发展对要素产生集聚作用；要素集聚是研究城镇化环境效应的起点，也是城镇化进程中影

[①] Clark C., 1951: Urban Population Densities, *Journal of the Royal Statistical Society*, Series A (General), No. 114; Newling B. E., 1969: The Spatial Variation of Urban Population Densities, *Geographical Review*, Vol. 59, No. 2; Mills E. S. and Tan J. P., 1980: A Comparison of Urban Population Density Functions in Developed and Developing Countries, *Urban Studies*, No. 17; 陈彦光：《城市人口空间分布函数的理论基础与修正形式》，《华中师范大学学报》（自然科学版）2000 年第 4 期。

响环境变化的重要因子。如图 4-1 所示，由于第一产业的剩余以及第三产业的发展，促使基础设施建设、企业生产、交通运输、商品交换、资源分配和消费等人类活动在特定空间上的集聚从而形成城镇，这种集聚的不断深化推动城镇化向深度演化。总体来说，城镇化进程中各种要素的集聚可分为两大类活动在空间上的集中，即生产活动和生活活动。生产活动的集聚主要表现为企业生产的集中，这种集中有利于资源的集中消耗、废弃物的集中排放和污染的综合治理，同时可以减少资源配置等相关成本，使企业有更多可支配的资金投入环保建设，如技术研发、污染治理等。同样，在城镇地区，居民生活消费活动的集中，整体上有利于节约生活资源、集中处理生活垃圾，对环境具有正效应作用。

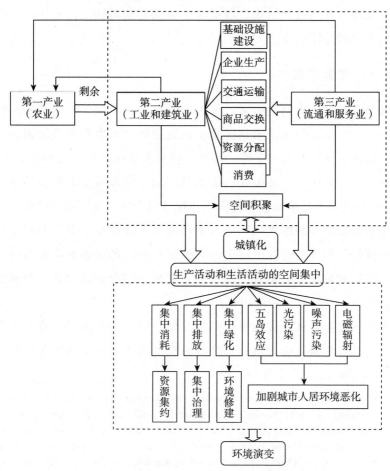

图 4-1 要素集聚驱动环境变化的作用方式

与一般研究不同，本研究将城市要素集聚和规模问题分开来讨论，这样可以解释为什么在有些城市，特别是人口集聚度高的城市存在环境恶化现象；即从资源消耗和污染排放的角度来看，要素集聚本身是有利于环境改善的，但是会由于城镇规模过大和资源配置不够优化以及管理低效或缺失等因素导致城市环境问题严重。

事实上，在一些大城市，地区企业的污染排放减少了、居民生活垃圾得到了集中处理，即使在特定阶段城镇规模是适度的，但人居环境依然存在恶化风险。根据城镇化环境效应 D－M－E 机理模型，要素集聚具有共生功能。在一定时期，集聚的环境负效应作用主要反映在城市环境公害方面，特别是"五岛"（热岛、雨岛、浑浊岛、干岛和湿岛）效应、光污染、电磁辐射、噪声污染等，以及由于城市管理规划的滞后，不能及时解决城市交通拥堵、城市内涝、地面下沉等问题，严重制约着城市人居环境质量的提高。显然，在要素集聚下环境正负效应具有共生性。由于以上类型的环境公害具有区域性特点，并不是所有的城市都会面临这样的风险，并且本部分侧重围绕环境牺牲角度的环境效应变化进行分析，因此这里只做机理上的理论分析，对城镇化进程由于要素集聚等带来的环境公害问题暂不做特别介绍。

命题 1：只考虑要素集聚带来的环境效应变化

人口和产业活动在空间上的集聚，促进城镇的形成并持续扩大规模。人口和产业的集中产生大量的消费需求促进了本地市场的发展，大规模的本地市场能减少生产费用、公共服务成本并且有利于专业化，[①] 因此，减少了的生产费用和服务成本可转化为环境治理和生态建设费用，同时产业专业化有利于技术研发和精益化管理，对提高环境效率有积极作用。另外，人口和经济活动的集聚，使得资源利用的配置成本降低并且促进集约利用，而且在城镇地区，使生产和生活排放的废弃物能够得到集中处理。所以从总体上看，城镇化过程中的这种集聚经济有利于环境改善，不过集聚效应机制的发挥存在一个累积过程，在城镇化前期（阶段 1）驱

---

① 巴顿：《城市经济学：理论和政策》，上海社会科学院部门经济研究所城市经济研究室译，商务印书馆，1984。

动对环境改善的弹性小于后期（阶段2）（见图4-2）。

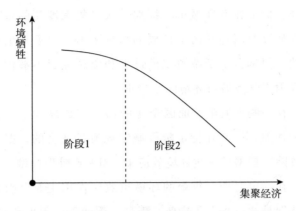

图4-2　集聚经济条件下环境牺牲的变化趋势

值得注意的是，城镇地区的要素集聚不等同于要素简单地叠加。集聚的前提条件是，开放经济条件下的市场需求和特定的技术条件；同时，集聚形态（或者叫要素组织方式）的创新对环境的正效应作用也有大小之分。例如，城市簇群式发展、合理的城镇体系，一般有利于专业化分工、资源的高效配置，降低城市的环境成本。

（二）知识积累

城市地区企业、人才、信息的集聚，对知识创造和传播有先天的优势。城市地区人力资本积累、产业专业化分工、城市消费需求升级以及城市文明的进步，均有利于知识的积累。一般习惯把城镇化进程中狭义上的技术进步，如生产工艺、制造工艺等方面的革新和改进作为知识积累的主要成果，并作用于环境改善中。实质上，知识积累是创新的源泉，除了生产领域的技术革新之外，还包括组织管理、政企制度层面的创新以及发展战略和模式上的创新（见图4-3）。显然，知识积累引致更为显著的环境效应，特别是有利于促进环境正效应的发挥。

首先，知识积累促进各领域的技术进步，是城镇化环境正效应提高的重要驱动力。影响环境质量的技术包括企业生产技术、环境质量监管技术、污染防治技术、生态修复与建设技术等。一般地，在低技术水平阶段，企业生产大多建立在高消耗、高排放基础上，并且全社会环保能力低，尤其是环境监管、污染治理、生态修复能力不足，环境质量趋于恶化。生产技术进步、资源利用率提高、循环经济发展，将减少资源和能源消耗与污染物排放；环保综合技术水平的提高，将降低污染治理成本、提高环境建设效率，缓解城镇化进程的环境压力。如果不促进技术进步，城镇化将不可避免地造成对生态环境的破坏。[①] 显然，技术进步包括所需技术的实际应用和使用技术的能力是城镇化环境质量改善的关键。[②]

其次，城镇化进程的知识积累可以促进包括管理、制度和发展战略层面的全面创新。企业环保管理上的创新，特别是发展循环经济有利于集约资源和减少排放。城市环保管理上的创新，包括城市环保设施现代化、城市垃圾的科学处理、城市工业的区位合理布局、城市建筑绿色化、城市生态系统建设等，均有利于城镇地区环境质量的提高。当然，在城镇化进程中，政府层面上的环保制度和发展模式的创新选择，对环境改善具有重要作用。例如，建立健全环境税和资源税、设立环保专项财政资金制度将大大促进环境正效应的发挥。在城镇化发展战略模式上，探索形成以低消耗、低排放、高效有序为特征的绿色城镇化模式，将有利于城镇人口、经济与资源环境的协调发展。实质上，知识积累带来的技术进步以及各个领域的创新发展是相互作用、相互影响的，并共同作用于影响环境系统变化。

可见，知识积累在总体上有利于环境正效应的发挥。但是，值得注意的是，正是因为技术进步，城镇化进程促进了自然资源的深度开发、大型工程的实施以及城镇建筑风貌的变更，这一系列活动会给环境系统带来更为显著的地学效应、生物效应、景观效应等。由于城镇化的环境

---

① He, et al., Modelling the Response of Surface Water Quality to the Urbanization in Xi'an, China, *Journal of Environmental Management*, Vol. 86, No. 4, 2008.

② Niekerk V. W., From Technology Transfer to Participative Design: a Case Study of Pollution Prevention in South African Townships, *Journal of Energy in Southern Africa*, Vol. 17. No. 3, 2006; Popp D., International Innovation and Diffusion of Air Pollution Control Technologies: the Effects of NOX and SO2 Regulation in the US, Japan and Germany, *Journal of Environmental Economics and Management*, VoL. 51, No. 1, 2006; Schollenberger H., et al., Adapting the European Approach of Best Available Techniques: Case Studies from Chile and China, *Journal of Cleaner Production*, No. 2, 2008.

效应具有综合性、阶段性和累积性，虽然短期内某个项目的实施并不会带来显著的环境变化，但是随着城镇化的推进，各种环境效应的综合累积也会产生负效应。例如，城市地区建筑的丘陵式发展会引起热岛效应；大型水电、交通等基础设施工程的实施可能会使地面下沉、滑坡、生物多样性减少，从而破坏生态系统或引发地质灾害等。

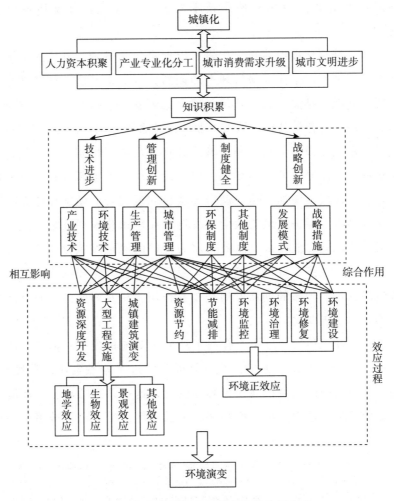

图 4 - 3　知识积累驱动环境变化的作用方式

　　因此，知识积累总体上有利于环保技术的进步和环保领域的各项综合创新，对环境具有正效应。但是，由于城镇化环境效应具有阶段性、综合性和累积性等属性，在一定城镇化阶段，特别要注意技术进步可能会带来的潜在环境负效应风险。

命题 2：只考虑知识积累带来的环境效应变化

基于资源消耗与污染排放的环境牺牲角度，知识积累总体上有利于环境质量的改善。一是技术创新，包括生产技术和环保技术的革新，特别是资源采掘技术、资源加工制造技术、污染治理技术和环境建设技术对资源节约和减排起到主导作用。二是管理创新，包括生产过程管理和城市经营管理，特别是生产过程的循环经济模式、产业空间组织上的产业集群化、城市的精明增长、城市空间上的科学布局对环境改善具有积极作用。三是制度创新，包括专门为环境保护与生态建设制定的各项政策、规章和法律条文以及有益于环境保护的其他配套政策，比如产业引导政策、环保技术支持政策等。四是战略创新，包括发展模式和城镇化模式，从传统的粗放型发展模式向新型的集约化发展模式转变，以及在创新城镇化过程中的资源配置和高效利用模式，都有利于环境的改善。可见，在城镇化进程中，知识积累驱动环境牺牲不断减小，不过该效应机制作用需要一个积累的过程，和要素集聚效应的作用特征一样，在城镇化前期（阶段 1）驱动对环境改善的弹性要小于后期（阶段 2）（见图 4 - 4）。

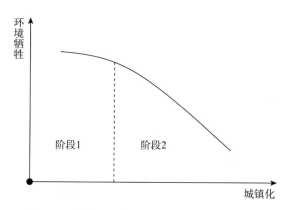

图 4 - 4　知识积累条件下环境牺牲的变化趋势

（三）产业演进

产业结构演进是城镇化的重要内涵。从经济结构变迁上看，作为城镇化推进的必然过程，工业化及产业结构升级是城镇化的重要驱动力。世界工业化和城市化的历史表明，工业化是城镇化的发动机，城镇化是工业化的促进器，二者存在相互制约、互相促进的关系。① 从社会需求供给理论来看，城镇化创造和引领需求，工业化提供能够满足人口需求的各种供给。简言之，城镇化和工业化就是需求和供给的关系。因此，城镇化和工业化对环境的影响实质是来自两个视角的同一个问题。

产业结构思想理论源于 17 世纪英国古典政治经济学家威廉·配第（William Petty）。1776 年，亚当·斯密（Adam Smith）在《国富论》中指出，产业发展和资本投入基本遵循农业、工业、商业的基本顺序，自此拉开了对产业结构演进论的研究序幕。20 世纪 30 年代以后，产业结构演变理论进入大发展阶段。1931 年，霍夫曼（W. G. Hoffmann）提出"霍夫曼定律"；1935 年，费希尔（Fisher）首次将国民经济部门划分为三次产业；1940 年，科林·克拉克（Colin Clark）提出随着经济发展和收入水平的提高，劳动力首先由第一产业向第二产业转移进而向第三产业转移的"配第-克拉克定律"；1971 年，西蒙·史密斯·库兹涅茨（Simon Smith Kuznets）指出国民收入也是由第一产业逐渐向第二产业、第三产业依次转移的；20 世纪 80 年代，霍利斯·钱纳里等（Hollis Chenery）认为产业结构转化驱动产业从低级发展阶段向更高一级阶段跃进。②

张敦富（2005）③ 在《城市经济学原理》一书中总结认为，在经济发展过程中，产业结构逻辑演进包括三个方面内容：一是由第一产业占优势逐渐向第二、第三产业占优势演进；二是由劳动密集型产业占优势逐渐向资本密集型、技术密集型产业占优势演进；三是由制造初级产品的产业占优势逐渐向制造中间产品、最终产品的产业优势演进。根据以上分析知道，不同产业结构类型对资源依赖程度和污染排放强度不一样，主要体现在两个方面：一是在城镇化进程的主导产业更替过程中；二是在地区主导产业类型的差异性上（见图 4-5）。

---

① 简新华、黄锟：《中国城镇化水平和速度的实证分析与前景预测》，《经济研究》2010 年第 3 期。

② 钱纳里等：《工业化和经济增长的比较研究》，上海人民出版社，1988。

③ 张敦富：《城市经济学原理》，中国轻工业出版社，2005。

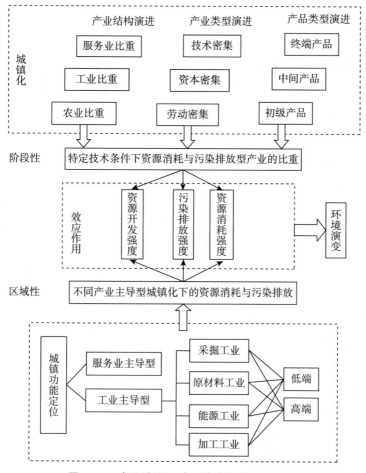

图 4-5 产业演进驱动环境变化的作用方式

城镇化进程中产业发展驱动环境变化主要基于三个方面的效应作用：一是资源开发强度；二是污染排放的强度；三是资源消耗的强度。这三个方面是相互依赖与影响的关系。在一定的技术水平下，产业发展对资源的需求规模决定着对自然资源和能源的开发与消耗强度，资源的开发和消耗强度决定着污染排放的强度。显然，农业主导型、工业主导型和服务业主导型的城镇化阶段或城镇功能，在资源开发、消耗与废弃物的排放上存在差异性。

值得注意的是，存在即使处于同一城镇化水平阶段，产业发展的环境效应差别也较大的情况。这主要有两个方面原因。一是地区资源依赖性造成的不同类型产业主导地区。一个地区由于自然资源丰富，大力发展采掘工业,① 进行资源输出，或者大力发展加工工业,② 一般对地区环境的影响较大。相反，一个地区致力于发展旅游、服务业等第三产业，推进城镇化进程，则其环境负效应相对较小。事实上，近年有不少研究发现，中国重工业化的跃进带来了严重的环境负效应，第二产业对能源、矿产等消耗较多，产生污染较大。③ 从区域看，中国的中西部地区特别是资源型工业占比较大的省区工业与环境关系严重不协调，迫切需要加速其工业经济结构优化升级。④

二是贸易的作用，如果一个地区主要依赖进口区外资源进行产业生产，或者进口绝大部分生活和生产消费品，则会弱化城镇化的环境效应。因此，审视资源型城市发展的路径依赖和开放性经济条件下贸易对城镇化的环境效应作用尤为重要。因为在开放经济条件下，一个城镇地区的经济主体和市场会跟城镇以外的经济主体和市场形成一定的区间关系。山田浩之在1991年曾定义：在城市区域中，以区外市场为中心进行生产的活动输出产业，叫作"基础产业"（Basic Industry）；以区内市场为中心而进行生产的地方性产业，叫作"非基础产业"（Non-basic Industry）。显然，以基础产业为主导的城市环境牺牲相对较大。有研究认为，外商直接投资对环境具有负效应作用，由于外商直接投资大多遵循技术梯度从高向低转移的基本规律，为此在特定技术约束条件下，外商直接投资会造成直接破坏地质环境、排放大量的污染物等。⑤ 显然，一般地，资源

① 采掘工业：直接从自然界取得原料和燃料的部门，其劳动对象直接取自自然界，包括矿物的开采、未经人工培植的动物性和植物性资源，以及其他自然界资源，如采矿、石油开采工业等。

② 加工工业是对采掘工业和农业取得的原料进行不同层次加工和再加工的工业，即对工业原材料进行再加工制造的工业，包括装备国民经济各部门的机械设备制造工业、金属结构、水泥制品等工业，以及为农业提供的生产资料如化肥、农药等工业。加工工业又可分为原材料工业和制造工业。其中，原材料工业是直接对采掘工业和农业产品进行加工的工业；只向国民经济各部门提供基本材料、动力和燃料的工业，包括金属冶炼及加工、炼焦及焦炭、化学、化工原料、水泥、人造板以及电力、石油和煤炭加工等工业。制造业是对经过初步加工的工业原材料进行加工和再加工的工业。

③ 袁鹏、程施：《中国工业环境效率的库兹涅茨曲线检验》，《中国工业经济》2011年第2期。

④ 涂正革：《环境、资源与工业增长的协调性》，《经济研究》2008年第2期；朱平辉、袁加军、曾五一：《中国工业环境库兹涅茨曲线分析》，《中国工业经济》2010年第6期。

⑤ 李灵稚：《FDI对环境福利的影响及对策》，《国际经济合作》2007年第6期。

输出地区承受巨大的生态压力，相反，资源输入地区的生态系统却得到较为良好的保护。[①]

显然，城镇化进程中产业结构遵循逐渐向高级化升级演进的基本规律。在城镇化的不同阶段，在特定的社会技术条件下，由于主导产业的更替，其环境效应具有差异性。在工业化主导的城镇化阶段，环境效应也因工业产业门类的差异而所有差别：建立在资源消耗基础上的采矿、冶炼及原材料工业、加工制造业和能源工业会带来更多污染物排放；相反，以先进技术为基础、以绿色工业革命为导向的现代制造业则更加注重资源能源的集约利用，也更为严格地控制污染排放，环境负效应作用显然会降低。

命题 3：只考虑产业演进的环境牺牲变化

在一定时期内，技术水平不变的条件下，生产函数可以表示为：$Y = f(L, K)$，其中 Y 为总产出，L 为劳动力，可以用就业人数表示；K 为资本。在外部条件技术水平不变的前提下，资本有机构成不变，资本是劳动力的函数，即 $K = g(L)$，则有 $Y = f[L, g(L)]$，这样，总产出是就业量的函数。城镇地区的就业人员主要来自第二、第三产业。为此，城镇化进程中产业发展的环境效应函数为：

$$E \mid (Y_2 + Y_3) = f^1(L_2, L_3)$$

其中，$E \mid (Y_2 + Y_3)$ 为城镇化进程中 $Y_2 + Y_3$ 产出水平下的环境效应，Y_2 和 Y_3 为第二、第三产业的产出，L_2 和 L_3 为第二、第三产业的就业人口数量，f^1 为函数关系。

从产业演变的角度看，在城镇化进程中，第二产业就业人口总体数量经历了先上升再下降的基本趋势；同时，第三产业就业人口呈上升趋势（见图 4–6）。其中，T1–T2 阶段属于结构调整阶段，第二产业就业人口数量开始下降并释放转移到第三产业，与此同时第三产业人口数量取得较快增长，T2 点以后，第三产业就业人口数量开始超过第二产业。另外，第一产业的就业人口数量随着城镇化的推进逐渐释放转移到第二、第三产业中去，在经过

---

① 张可云等：《基于改进生态足迹模型的中国31个省级区域生态承载力实证研究》，《地理科学》2011 年第 31 卷第 9 期。

"刘易斯拐点"后，农村富余劳动力减少并且第一产业人口基本趋于稳定。

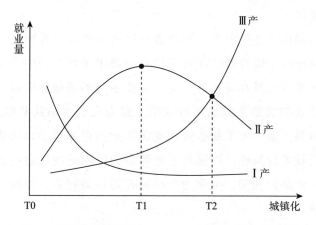

图4-6 城镇化进程中一、二、三产业就业量的变化

说明：第二产业包括工业和建筑业。

综上分析，城镇化进程中产业结构总体趋于高级化。在城镇化的初期阶段，城镇地区产业的发展主要是由于农业剩余包括物质和劳动力剩余的推动，以及市场交易机制作用的拉动，从而驱动加工制造业的发展。随着人们对加工制成品需求的增长，特别是在城镇地区工业化扩张时期，环境牺牲趋于增长；当城镇地区发展进入工业主导地位逐渐被服务业取代的阶段，资源消耗与环境污染趋于下降。为此，在其他条件不变的情况下，在城镇化进程中，产业演变的环境效应变化与第二产业就业人口数量的变化具有一致性（见图4-7）。

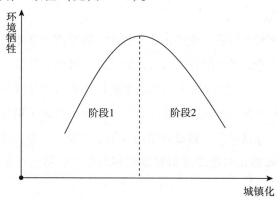

图4-7 产业演进中环境效应的变化趋势

（四）规模递增

需求的力量刺激城市增长，供给因素则决定城市扩张的速度和持续时间，因此城市增长是由需求和供给两个方面相互作用决定的。[1] 一般地，城镇规模就是指人口规模。同时，由于人口规模的扩大，还会派生城市消费规模、生产规模（经济规模）以及空间规模的扩大。

一是人口规模。毋庸置疑，一个地区在城镇化进程中，城镇人口总量总体趋于递增。在一定的城镇地域空间内，集聚多少人口算适中，一直以来是学术界讨论的焦点。一方认为，最佳城市规模只在理论上存在，而不存在实际的城市最佳规模。[2] 另一方则认为，城市社会经济的最佳发展在客观上存在一个适度、合理的人口承载量；总人口规模太大或太小都不利于城市的发展，总人口规模太大，会对城市的社会经济发展以及城市生态环境乃至居民的生活质量造成巨大的压力，而总人口规模过小，会因缺乏相应的人口规模效应而造成城市经济建设以及基础设施建设投资效益的低下，造成社会财富的巨大浪费。[3] 实质上，城市人口规模与多种因素有关。Zhang（2007）[4] 在通过盈余函数非线性模型（Surplus Function）计量检验适度的城市规模时，研究发现城市经济体是由家庭、输出型工业、房地产业及市政府组成，由此家庭可支配收入总额、家庭总开支、工业产出水平、劳动力工资、交通补贴等变量决定着城市在不同阶段的适度人口规模。可见，在城镇化进程中，在市场经济的作用下，不断扩大的人口规模作为关键因素，既影响着城镇地区消费、产业以及空间的发展，又受到其他各种支撑人口发展要素的制约。

二是消费规模。人口创造需求，城市人口的消费需求拉动城市及整个地区经济的增长。一般地，城市人口的消费需求具有三个方面的基本特征。首先，城镇化进程中，城镇地区人口的需求总量趋于不断增长，

---

[1] 巴顿：《城市经济学：理论和政策》，上海社会科学院部门经济研究所城市经济研究室译，商务印书馆，1984。

[2] 周一星：《论中国城市发展的规模政策》，《管理世界》1992 年第 6 期。

[3] 夏海勇：《城市人口的合理承载量及其测定研究》，《人口研究》2002 年第 1 期。

[4] Zhang C. W., 2007: Urbanization Plays a Key Role in Affecting Labor Supply, *China Economist*, No. 1.

这是由于人口不断向城镇地区转移，城镇人口总量客观上也在不断增加。其次，在城镇化进程中，城市人口的消费需求趋于不断升级，这主要是由于城镇地区经济发展代表着先进的生产力，尤其是驱动消费理念、文化等各个方面的提升，人们会从一开始追求满足一般的衣食住行需求（解决温饱问题）到更高品质的生活需求（实现小康生活）、从追求物质文化生活到以物质需求为基础更加注重精神文化需求、从满足生存需求到追求人的全面发展的需求（包括绿色产品以及生态和自然环境安全的需求）。最后，城镇人口的消费需求，特别是现代化城镇人口的消费需求具有较强扩散功能，其消费导向逐渐向相对次发达的城镇和农村地区传播，最终全社会的消费需求不断增长。

三是空间规模。城镇空间规模集中体现在城镇土地开发建设面积的大小上。一般地，城市空间开发与城市人口总量、人口密度和土地开发利用效率动态相关。有研究认为，从土地面积规模看，第三世界国家的总体城市增长率将趋于降低，过度城市化逐渐成为过去时，城市增长率会从一个峰值下降到最后基本维稳（见图4-8）。[①] 实质上，随着城市化率接近均衡、城市土地开发接近饱和，城市空间规模增长放缓并最终趋于稳定，或者出现所谓的逆城市化现象。因此，在城市土地开发上，尤其是在中国因受到可开发建设可用国土资源的限制，不可能无限扩张，大规模的城市土地开发蔓延时代基本已成过去时。

可见，受土地资源制约以及城镇人口的基本稳定，城镇土地开发建设理论上存在一个相对稳定的峰值（见图4-9），经济产出规模也会从依赖土地扩张和自然资源消耗转移到依靠技术进步和人力资本增长等要素支撑上来。

四是经济产出规模。城市经济增长的动力来自需求和供给两个方面。需求既包括生活消费的需求，也包括为满足人口消费需求而提高消费供给的生产部门及其相关中间投入的需求。供给即各种要素，包括资本、劳动力、技术、制度等。当然，从城市经济增长的机理上看，类似于凯

---

① Kelley A. and Williamson J., 1984: Population Growth, Industrial Revolutions, and the Urban Transition, *Population and Development Review*, Vol. 10, No. 3.

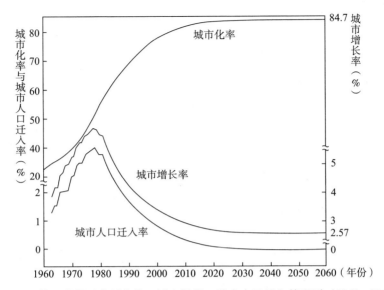

图 4 - 8　第三世界国家城市化、城市增长、城市人口迁入的预测（1960～2060）

资料来源：Allen and Williamson（1984）。

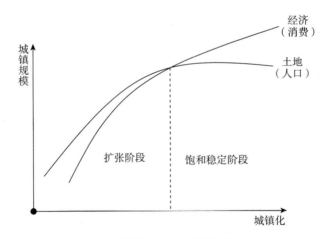

图 4 - 9　城镇化进程中城镇规模的演变

恩斯宏观经济学中的乘数效应机制与城市经济的规模相关，随着城市经济的增长，城市经济规模的扩大会导致城市地区市场的扩大，[①] 乘数效应机制随着城镇化的推进，作用力也不断增大。为此，城市经济规模在乘数效应下，由需求和供给两方面决定。城市消费需求的不断增长，拉动

---

① 安虎森：《区域经济学通论》，经济科学出版社，2004。

69

为满足不断增长的消费而提供供给的生产部门的持续扩大和增长。各类生产要素投入为生产部门提供了重要支撑条件。在需求和供给增长条件下，城市经济得到增长。当经济增长达到一定的临界值或者临界区间，在满足基础性的生活和生产消费后，就有了更多的社会总财富剩余用来支持创新和环保，并促进文明进步；理论上，短期内也可能会带来生产过剩，造成资源浪费和额外的环境牺牲。

当然，人口规模及其演化的消费、土地和经济规模之间具有相互作用和影响的关系。针对中国的部分城市数据研究发现：一方面，城市人口和地域面积规模越大，其经济产出规模越大；[①] 另一方面，城市地区的经济和人口增长是城市空间规模扩大的重要原因。[②] 总之，城镇规模包括人口规模、消费规模、生产规模和建设规模以及经济产出规模等相互关联的多个层面；城镇化过程中城镇综合规模的递增会驱动环境系统发生变化（见图 4 - 10）。

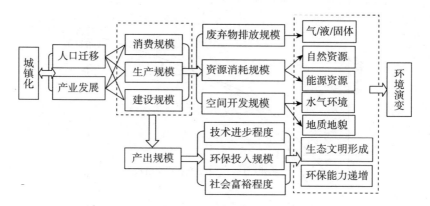

图 4 - 10　城镇化对环境影响的规模效应机理

命题 4：只考虑城镇规模增长引起的环境牺牲变化

一般地，可以认为产出是用来满足消费的，即均衡情形下的总供给等于总需求，消费规模和经济产出规模是一个问题的两个方面。这样，

---

①　张友志、宋迎昌：《1994～2007 年中国主要城市的规模产出效应实证研究：一个面板模型》，《地域研究与开发》2011 年第 30 卷第 1 期。

②　王俊松、贺灿飞：《转型期中国城市土地空间扩张问题研究——基于 Muth-Mill 模型的实证检验》，《城市发展研究》2009 年第 16 卷第 3 期。

城镇化进程中城市规模的递增集中体现为城镇人口、建设用地以及产出总量的增加。首先，城镇人口的大量增长会直接影响到能源消耗、土地和水资源利用、污染排放的强度及其他各种环境压力。[①]　其次，城市蔓延会造成耕地与湿地减少，城市建设用地的扩张将改变地质结构，使得生物多样性减少，[②]迫使环境系统发生不可逆转的变化。最后，经济产出总量的增长对环境影响具有阶段性特征。在低发展水平阶段，人们往往过分追求产出总量和物质需求而忽视对环境的保护，此时经济产出的高增长一般是以高环境成本为代价，环境压力不断加大。在高发展水平阶段，产出总量的增长将建立在经济高效、资源集约与环境友好基础之上，环境压力得到缓解；产出规模的增加会加大环保投入，并利于技术研发，人们的环保意识也随之增强。有研究发现，过去50年里工业化国家的发达城市能有效利用污染控制技术。[③]

从消费需求角度看，消费需求升级一般从城镇地区开始，逐渐扩散到农村地区，城镇地区人口的消费需求引导着全社会需求。因此，从需求导向上看，人口向城镇地区集聚的结果就是扩大了全社会的消费需求，消费数量和质量不断提高。消费需求的增长拉动经济的增长，拉动产业的发展，由此进一步扩大生产规模。消费和生产规模的扩大，需要向自然界提取物质资源，包括矿产资源、能源资源、水资源等，并排放废弃物。经济增长需求势必要吸纳更多的人口和产业活动在城镇地区集聚，继而驱动城镇空间扩张，给城镇地区的水文、地质环境、景观环境带来不同程度的影响。可见，在城镇化前期一段时间内，人口规模增长会导致环境牺牲；随着城镇经济增长，人们的消费需求不断升级，人们越来越

① Morello J. , et al. , 2000: Case as Urbanization and the Consumption of Fertile Land and Other Ecological Changes: the Case of Buenos Aires, *Environment and Urbanization*, Vol. 12, No. 2; Tu J. , 2011: Spatially Varying Relationships Between Land Use and Water Quality Across an Urbanization Gradient Explored by Geographically Weighted Regression, *Applied Geography*, Vol. 31, No. 1.

② 方创琳等：《城市化过程与生态环境效应》，科学出版社，2008。

③ Ho P. , 2005: Greening Industries in Newly Industrializing Countries: Asian-style Leapfrogging?, *International Journal of Environment and Sustainable Development*, No. 4.

重视对环境福祉的追求，人们的环保意识也不断增强，生态文明逐渐形成；与此同时，经济增长的产出除了满足人口消费需求之外，会有更多的剩余用于环境投资建设，当城镇化进入这一阶段，环境牺牲持续增长的状态将被扭转（见图 4 - 11）。

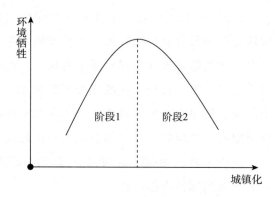

图 4 - 11　城镇规模的环境效应变化

（五）综合驱动力分析

根据命题 1 ~ 4 的分析，城镇化环境效应各驱动力的大小和方向，在城镇化的不同时期具有显著的差异性，并且根据 D - M - E 模型，每个驱动力不独立发挥作用，它们具有相互影响的关系。为研究城镇化进程中环境效应的变化趋势，需要综合考虑各个驱动力的综合力量及其方向，并且尽可能剔除驱动力系统以外的干扰因素，这无疑增添了环境效应研究的复杂性和难度。为了研究方便，这里首先主要考虑城镇化环境效应变化的总体趋势（驱动力方向），将干扰因素和综合驱动力大小作为隐含条件考量，暂不做单独分析。

命题 5：多因子综合驱动下的环境牺牲变化

根据驱动力正负方向转换，可以将城镇化划分为阶段 1 和阶段 2，各因子驱动力在不同阶段的作用力和方向具有差异性；从逻辑上，可以判断在城镇化阶段 1 中环境牺牲较大并趋于增长，在城镇化阶段 2 中环境牺牲趋于减小，环境质量得到改善（见表 4 - 1）。

表 4 - 1　不同阶段城镇化因子驱动环境效应的作用力方向

驱动因子集	阶段 1（初中期）	阶段 2（中后期）
城镇规模	（1）城镇人口引导全社会消费方向并且对环境产品①的消耗总量不断增加；（2）产出主要用来满足个体消费，环境投资能力较弱	（1）城镇人口继续引导全社会环境产品消费方向并且环境产品的消耗从总量到质量转变；（2）环境投资能力不断增加，环境意识增强
知识积累	处于创新前期积累阶段，创新优势尚未体现，创新能力低，处于门槛水平之下	综合创新水平不断提高，知识积累的环境正效应作用日益显著
要素集聚	人口、要素和经济活动大规模快速向城镇地区集聚，生态环境压力加大，环境负效应增加	（1）集聚的资源集约和环境集中治理与建设效应不断增强；（2）大中型城市地区景观变化带来的环境负效应较为突出
产业演进	以工业经济为主导，资源型产业所占比重大，环境负效应较大	产业结构、产品结构逐渐向资源节约与环境友好型方向转变，环境正效应增强
综合作用	环境负效应大于正效应，环境牺牲趋于增长，环境治理出现恶化	环境正效应持续增长，环境牺牲趋于下降，环境质量得到改善

①所谓环境产品，即依赖资源消耗与废弃物排放的产品。

实质上，在城镇化中后期阶段，城镇规模的稳定和产业结构升级对环境的改善，一定程度上离不开集聚经济和知识积累的作用。但是集聚经济和知识积累积极作用的发挥是一个累积过程，因而在城镇化初期阶段，其环境正效应作用不明显，即城镇化环境效应的边际量很小。总体上看，随着城镇化的推进，社会形态也逐渐向高级化推进（见表 4 - 2）。

表 4 - 2　城镇化进程中环境牺牲和改善前后两个阶段的社会形态对比

	阶段 1（初中期）	阶段 2（中后期）
产品需求	人们对环境产品的需求不断增长	消费需求持续升级
社会文明	农业文明向工业文明过渡；工业文明逐渐占主导作用	现代生态文明逐渐形成
城镇特征	集市城镇向工业化主导型的城镇转型	建设绿色革命下的新型现代化城镇
发展阶段	尚处于欠发达状态	逐渐向发达阶段演进

显然，在城镇化阶段 1，城镇规模扩大和第二产业发展对环境效应起主导作用，与此同时，知识积累和要素集聚的环境正效应作用尚不明

显，处于效应累积阶段，城镇化加速对环境产品的消费需求、资源消耗与废弃物排放总量趋于递增，环境牺牲趋高；在城镇化阶段2，知识积累和集聚集约效应发挥主导作用，城镇规模稳定和产业结构高级化有利于环境质量改善，环境牺牲趋于减小，环境质量得到改善（见图4－12实线A）。显然，城镇化中后期阶段环境质量得到改善是城镇化转型的结果，它是建立在知识积累、产业升级、消费转型、集约发展的基础之上的，如果没有这种城镇化转型，城镇化带来的环境牺牲将有可能继续保持增长态势（见图4－12虚线B）。因此，环境牺牲从增长转变为减少的顶点取决于城镇化转型的拐点，不同国家和地区由于发展条件不同可能差异较大。另外，从战略决策角度看，如果在城镇化的阶段1就能够把城镇化推进与发展方式转变有机结合起来，及时采用节能环保技术，强化资源集约利用，不断推进产业结构转型升级，走集约、智能、绿色、低碳的城镇化道路，将可以大大降低城镇化的资源和环境代价，减少城镇化带来的环境牺牲，促进城镇化进程中经济发展与生态环境保护的有机融合，在这种情况下，城镇化环境牺牲曲线将由A下降到C，呈现出扁平的"倒U形"变化，即"改进的环境效应曲线"，这种情形是较低环境成本的城镇化，能以较小的环境牺牲实现城镇化目标（见图4－12）。

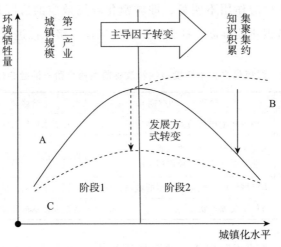

图4－12　综合效应下环境牺牲的变化趋势

综上，在城镇化进程中，由于要素集聚带来集约效应、产业结构升级和经济增长的积累，一方面可以最大化满足城镇化进程中人们日益增长的产品消费需求；另一方面可以尽可能地减少环境牺牲。可见，在城镇化进程中，从短期看，由于知识积累和集聚集约效应不显著，资源消耗和废弃物排放的总量随着需求量的增加而递增；但从长期看，资源消耗和废弃物排放遵循边际递减规律，环境质量趋于"先恶化、再改善"的基本演变。当然，城镇化中后期阶段的环境改善是建立在知识积累、集聚经济、集约生活方式的基础之上的，如果人们不改变高消耗、高排放的生产和生活模式，环境质量改善则会面临困境。

二　环境驼峰效应假说的提出及其最优化

从逻辑推演上看，城镇化进程中环境牺牲经历"先增加、后减少"的倒 U 形①曲线变化。主要原因在于：在城镇化的前期，由于人口向城镇地区集聚，不可避免地进行城镇土地开发建设以及增加其他产业活动，这势必消耗资源并排放一定量的废弃物，环境牺牲的不断增加；到城镇化的后期阶段，城镇化推进缓慢，城镇人口总量基本稳定，城镇空间开发基本成形，环境系统基本稳定，同时，城镇文明逐渐发展，技术进步渗透到城镇化的各个领域，环境建设和保护工作得到强化，环境牺牲在这一阶段会减少。根据城镇化环境效应变化的这一基本特点，本研究进一步提出城镇化环境驼峰效应概念，旨在为进一步研究城镇化环境效应的最优化及其实现路径提供研究框架。

（一）环境驼峰效应的概念

"驼峰效应"（Hump-trend Effect）源于心理学，首先由爱德华·德·波诺（Edward de Bono）提出，指"生物系统的运动过程总是以期望获得的事物为最终目标；但是，眼下预期想得到的东西从长远来看可能是有害

---

① 说明：排除先扩大再减少的倒 V 字形变化可能，因为环境牺牲的峰值是在特定城镇化阶段处在一个较平稳的区间状态，而不是一个实际意义上的点值。

的、长远的利益可能要求预先付出代价、做出牺牲，就如滑雪者都想达到轻松愉快地顺着山坡往下滑行的预期运动目标，但想要拥有这个过程就必须先登上山顶"。另外，驼峰效应还包括"为了最终能朝正确的方向前进，有必要先向相反的方向走一段"。①

由于城镇化进程本质上也是生物系统的运动过程，在这一进程中的预期目标是满足人民群众日益增长的物质和文化需求，即人的全面发展的需求。这里的物质需求主要是指衣食住行以及为其提供支撑的各类要素需求，随着社会的进步，人们的生活需求趋于高级化的消费享受；文化需求除了精神层面上的，还包括广义上的生态文化需求等。根据质量守恒定律，需求的满足必须依赖于一定的质量消耗，即本研究中的环境牺牲成本。城镇化进程中环境质量基本遵循"先恶化再改善"的演变规律。可见，城镇化进程中的环境效应变化完全符合心理学上的驼峰效应。为此，提出城镇化环境驼峰效应（Environment Hump-trend Effect of Urbanization）的概念，指在城镇化进程中，环境牺牲②（对资源的消耗和污染物的排放及其引起的各种环境负效应变化）不可避免，并且在城镇化前期的一定阶段内，环境牺牲会不断增大；但是，随着城镇化的进一步推进，环境牺牲将会维持稳定并在各自利好的驱动力下趋于下降，而环境正效应得到强化，环境质量总体趋向改善（见图 4 - 13）。

基于以上定义，存在以下两个扩展解释。

（1）该定义适用于人类活动对环境威胁的可控范围内，不适用于城镇化对环境的牺牲无限大到使地球环境无法继续承载人类活动的这种极端状态，即不考虑超过阈值的情况，即图 4 - 13 中 A 部分。虽然，这种可能性极小，但是从理论上不排除由于城镇化，有可能会带来的无法控制的环境事件，比如未知的超级生化病菌、特大核泄漏或辐射事件等。

---

① 爱德华：《比知识还多》，汪凯、李迪译，企业管理出版社，2004。

② 注：环境牺牲是资源消耗与废弃物排放及其引起的环境负效应。（1）不同于环境成本，环境成本是除了资源消耗与废弃物排放之外，还包括为集约资源和减少废弃物排放以及其他环境建设的各种人、财、物的投入；（2）由于自然环境遵守质量守恒定律以及具有自我吸收一定量废弃物的能力，因此并不是所有的资源消耗和废弃物排放都会引起环境质量恶化；（3）环境牺牲减少，环境质量不一定同期改善，见风险分析。

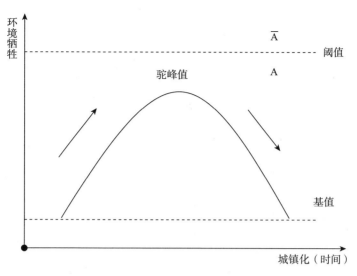

图 4 - 13　城镇化的环境驼峰效应

　　阈值作为理论上的门槛值，实际情形中可以描述转换成不同情形下的环境容量的概念，即城镇化进程中资源消耗和污染排放及其正产出量可以构成一个理想的直方体容器（见图 4 - 14）。超过环境容量的承载力范围，就会引起环境系统的恶性破坏。

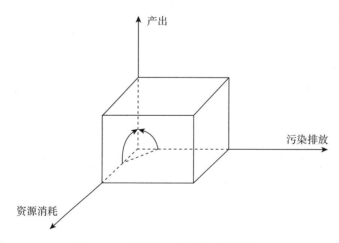

图 4 - 14　城镇化环境效应的阈值容量

　　（2）城镇化进程中对环境的牺牲并不是无限制的，即城镇化的环境负效应存在一个"驼峰"值，越过该值后，城镇化的环境效应总体趋于正效应，环境质量得到改善。由于城镇化模式和个体差异客观存在，不同地区的城镇化进程中该"驼峰"值大小不一；同时，"驼峰"值落在城镇化的阶段也存在差异（见图 4－15，4－16，4－17）。

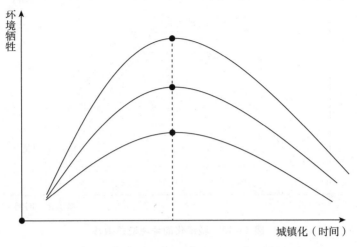

图 4－15　不同地区驼峰值的非唯一性（情况 1）

说明：驼峰值大小不一，但是落在同一个城镇化水平阶段。

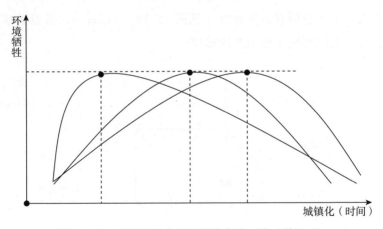

图 4－16　不同地区驼峰区间的非唯一性（情况 2）

说明：驼峰值大小一致，但是落在不同的城镇化阶段。

当然，存在唯一一个最高驼峰值仅是理论上的整体趋势；在现实情况中，如果考察更短的时间区间，就会发现"多峰"效应更为常见（见图 4－18）。根据城镇化环境效应的 D－M－E 模型，环境效应变化受到各种干扰因素的影响，在短期内环境效应是波动变化的。这能较好地解释为什么仅仅通过数据模拟回归，会由于时间序列不够长而导致在不同的

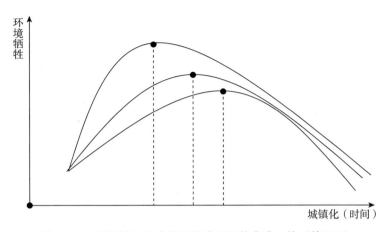

图 4-17　不同地区驼峰值和驼峰区间的非唯一性（情况 3）

说明：驼峰值大小不一，同时也不落在统一城镇化水平阶段。

时间区间内，得到环境效应的变化曲线具有显著的差异。

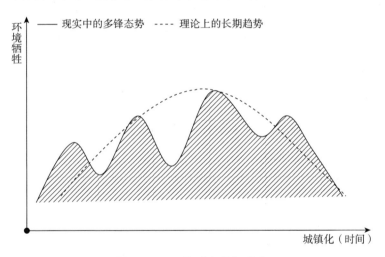

图 4-18　环境"多峰"效应

　　值得一提的是，自 20 世纪八九十年代以来，国内外学者选择经济增长和环境变化的各种指标，对环境库茨涅茨曲线（EKC）假说做了大量的实证检验。由于经济增长与城镇化具有很强的相关性，这里在分析过程中将其内生到城镇化进程中。相对于 EKC 假说的经验猜想，驼峰效应则是通过理论上的逻辑推演而得到的（见表 4-3）。

表 4 - 3　城镇化的环境驼峰效应与 EKC 假说的对比

名称	概念来源	逻辑顺序	驱动力	科学性
驼峰效应	1. 心理学上的驼峰效应（长远利益要付出短期代价）；2. 基于城镇化环境效应机理的逻辑推导	从一般到个别	（1）要素集聚（2）产业演变（3）知识积累（4）城镇规模	（1）基于成熟的城镇化理论进行逻辑演绎和推导，具科学性基础；（2）部分国际经验以及中国的案例研究已初步证实
EKC 假说	基于环境与经济指标统计数据的实证检验研究得出的经验总结	从个别到一般	经济增长	存在争议：（1）部分环境指标与经济发展之间不存在 EKC 假说；（2）实证过程的计量经济学检验的存在严谨性问题

环境驼峰效应和 EKC 假说，是基于不同视角的研究。由于经济增长与城镇化具有很强的相关性，在时间进度上，驼峰效应和 EKC 假说存在一定的重叠。但是，两者研究的出发点不一样，城镇化环境驼峰效应研究将经济增长因子内生到城镇化进程的环境效应驱动力集里。因此，城镇化的环境驼峰效应研究可以看作是有别于 EKC 假说研究而具有自身研究思路和基本特点的一个理论分析框架。在 EKC 假说的基础上展开对城镇化环境效应的研究，在某种程度上，不符合逻辑演绎的基本规律。毕竟，环境库茨涅茨曲线是基于统计计量分析提出的一种经验性假说，而不是一个完整的理论框架。

环境驼峰效应的可取之处主要有两点。一是概念内涵的可传递性。从人类心理学一般特征（长远利益要付出短期代价）出发，说明在城镇化这一人类活动过程中，人们在获得城镇化的长远利益之前，需要付出短期的代价。二是逻辑上的合理性。以城镇化理论为基础，通过逻辑关系推演环境效应变化趋势，遵循推导、归纳的逻辑演绎规律。

（二）最优化驼峰

从环境经济学角度看，城镇化过程中的人地关系就是处理好经济发展（人类不断增长的需求）和环境可持续（人类发展的承载）之间的关系。应该说，以最小的环境牺牲获取最大化的效用满足是城镇化进程的最优路线。从这个角度，从长期看理论上就存在最优化驼峰效应。根据城镇化环境效应机理，城镇化主要通过生产和消费环节的资源消耗、废弃物排放过程引起环境的变化。因此，可以设定基于环境牺牲（环境系统的资源消耗和废弃物排放）和环境产出的收益函数（见表4－4）。

表4－4　基于环境投入和产出的收益函数

部门		资源消耗量	废弃物排放量	产出效用量	收益量
单个	X_1	R_1	W_1	Y_1	$\Pi_1 = f(Y_1, R_1, W_1)$
	X_2	R_2	W_2	Y_2	$\Pi_2 = f(Y_2, R_2, W_2)$
	$\vdots$	$\vdots$	$\vdots$	$\vdots$	$\vdots$
	X_n	R_n	W_n	Y_n	$\Pi_n = f(Y_n, R_n, W_n)$
全社会	$\sum\limits_{i=1}^{n} X_i$	$\sum\limits_{i=1}^{n} R_i$	$\sum\limits_{i=1}^{n} W_i$	$\sum\limits_{i=1}^{n} Y_i$	$\sum\limits_{i=1}^{n} \Pi_i = \sum\limits_{i=1}^{n} f(Y_i, R_i, W_i)$

说明：① 部门包括消耗资源和排放废弃物的各个生产和生活部门；②产出量是指生产部门通过消耗资源、排放废弃物直接带来的产出规模，效用量是指消费者通过消耗资源、排放废弃物所得到的效用满足，这里产出规模和效用满足均未考虑对环境的影响成本，并假设产出均用来满足全社会的效应；③收益量是指充分考虑环境成本的净收益数量。

这里，记城镇化进程中的资源消耗与废弃物排放及其引起的环境效应为 $E = \sum\limits_{i=1}^{n} E_i = \sum\limits_{i=1}^{n} f'(R_i, W_i)$，则环境系统的投入与产出的收益函数简化为：

$$\text{Max} \sum_{i=1}^{n} \Pi_i = \sum_{i=1}^{n} f''(Y_i, E_i)$$

应该说，最大化环境收益是城镇化进程中人类活动追求的最优目标。这里，最大化收益隐含产出最大化和环境牺牲最小化两个基本条件，即目标函数为：

$$\text{Max} \sum_{i=1}^{n} \Pi_i = \left\{ \text{Max} \sum_{i=1}^{n} Y_i, Min \sum_{i=1}^{n} E_i \right\}$$

进一步，根据 Ramsey 环境模型和 Cobb-Douglas 生产函数，考虑时间变量的动态最优化目标为：

$$\text{Max} \int_0^{\infty} \Pi[Y, E(R, W)] e^{-\rho t} \, dt$$

81

$$s.t. Y = A(u)K^{\alpha}L^{\beta} = f(R)$$
$$R(t_0) = R_0 > 0$$

其中，$A(u)$ 表示基于城镇化因素的技术进步，K 为资本投入，L 为劳动力投入，ρ 为时间偏好参数。根据目标函数，城镇化环境效应的评价体系包含两个评价准则：一是城镇化进程中经济社会的发展对人类需求的满足程度；二是城镇化进程中环境系统变迁给人类带来的环境福祉大小，包括环境牺牲程度和生态建设与环境保护的成效（见图 4 - 19）。

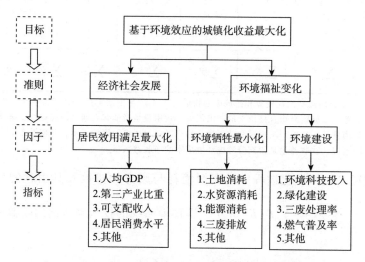

图 4 - 19　考虑环境效应的城镇化最优目标

虽然环境驼峰效应表明在城镇化进程中环境变化总体上朝着利好的方向演进，但是并不是所有的环境驼峰效应都能实现最优化目标。在城镇化进程中，人类需求面临一对矛盾：一方面对产出的消费需求不断增长，导致向自然界提取物质资源的需求趋于增长；另一方面，人们不希望破坏赖以生存的自然环境。于是就有了环境牺牲与获得较长时间收益之间的博弈决策，应该说理想的环境驼峰效应是较短时间、较少的环境牺牲，同时满足不同标准情形的社会效应（见图 4 - 20）。城镇化过程是消费需求不断升级和扩大的过程，在这个过程中，从效应阶段看，最优情形下全社会对环境牺牲的态度或叫环境价值取舍大致分为四个主要阶段：一是放行阶段，为了人类最基本的生存和温饱需求，环境牺牲短期

内是提倡或允许的；二是防范阶段，当社会形态进入从温饱向小康社会
迈进的阶段，要防范环境牺牲进一步扩大化；三是警示阶段，从小康社
会向富裕社会过渡，要充分考虑环境福祉，务必警惕环境牺牲的扩大化；
四是遏制阶段，人类进入富裕阶段，这个时期可能是城镇化后期或者后
城镇化时代，人们追求更大环境福祉，环境牺牲应当被遏制。

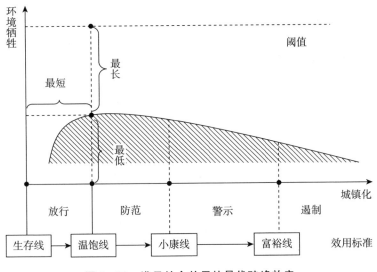

图 4 - 20　满足社会效用的最优驼峰效应

　　只有有效处理好效用最大化和环境牺牲最小化这一对基本矛盾才有
可能实现最优化驼峰。实质上，根据驼峰效用的驱动因子分析，集聚经
济、知识积累、城镇化后期的消费结构升级和城镇规模稳定、产业结构
高级化提供了最优化环境驼峰效应实现的基本路径。

三　本章小结

　　本章在城镇化环境效应机理模型的基础上，进一步深化每一个驱动
力集对环境效应的作用机制，也为城镇化环境驼峰效应奠定了逻辑推演
的理论基础。主要有以下结论。
　　一是从城镇化环境效应子驱动力的作用力方向上看，具有显著的阶
段性和个体差异性。通过对每一个子驱动力集驱动环境变化的机理进行
分析，结果表明：要素集聚有利于集约消耗资源和集中污染治理，从而

总体上有利于减少环境牺牲；城镇土地和人口规模的扩大在短期内增加环境牺牲，从长期看，随着人口消费的升级，环境牺牲特别是污染排放会得到遏制；在一定技术条件下，第二产业尤其是工业发展会带来相对较多的环境牺牲，不过随着城镇化产业结构的演化升级，环境牺牲会得到缓解；知识积累带来的制度变迁、技术进步、文明演进总体有利于减少环境牺牲、提高环境质量。

二是从城镇化环境效应子驱动力的作用力大小上看，不同驱动力在不同城镇化阶段的边际作用力具有显著差异。在城镇化第1阶段，知识积累和要素集聚对环境牺牲的边际驱动力较小、产业演进和城镇规模的边际驱动力较大；在城镇化第2阶段正好相反。因此，从长期看，环境质量改善的正作用力取决于知识积累和集聚集约作用。从应用于实证研究的角度看，对一个地区不同城镇化阶段、不同驱动力子集（知识积累、要素集聚、产业演进、规模递增）对环境效应的驱动力弹性大小的测度可以作为判定城镇化质量的重要指标。

三是基于不同阶段城镇化环境效应子驱动力的作用力大小和方向，推导得到综合驱动力下环境驼峰效应的存在性。从长期趋势看，城镇化环境驼峰效应存在一个最高峰值区间，并且驼峰区间和驼峰值存在显著的地区差异性；从短期看，由于系统动力中的干扰项，城镇化环境牺牲有多个驼峰值。城镇化环境驼峰效应无论是从概念的可传递性还是从逻辑关系上的推演性，都具有一定的合理性，对基于环境视角研究城镇化规律具有理论价值。

四是城镇化环境驼峰效应最优化的判定价值标准在于考虑了环境福祉的城镇化效用最大化。以生存线为临界点，把城镇化进程中的人类社会划分为温饱型、小康型和富裕型社会，对应的就存在效应满足标准上的温饱线、小康线和富裕线。研究认为：在生存线与温饱线区间内，一定程度的环境牺牲是允许的；在温饱线和小康线区间，环境牺牲应当得到防范；在小康线和富裕线区间，环境牺牲要尤为警惕；超过富裕线区间，则应遏制环境牺牲发生。这也说明，从需求的角度看，人类对环境福祉的需求偏好具有阶段差异性。

实证篇
中国城镇化环境效应及其风险预警

第五章　中国城镇化环境效应的现状分析

根据对城镇化环境效应及其机理的基本认识，本章重点揭示中国城镇化进程的环境效应现状。首先，梳理新中国成立以来中国城镇化的进程以及从城镇规模、产业结构、知识积累、城市集聚等演变所体现的基本特征。其次，基于统计数据分析不同阶段、规模和地区的城镇化环境效应差异。总体上，分析发现：在中国快速城镇化过程中，能源消费、城市建设等快速增长伴随着大量污染物排放，付出了较大的资源与环境代价；随着城镇化的深化推进，资源集约利用和污染综合治理的能力不断提高，环境正效应日趋明显；城镇化的地区差异是导致环境效应地区差异的主要原因；城镇化规模与污染效应具有很强的正向空间分布关系。

一　中国城镇化的演进及其主要特征

改革开放以来，中国城镇化快速推进，城市规模和总量不断扩大，2014 年城镇化率已经达到 54.77%。与此同时，伴随着工业化的纵深推进、人力资本的快速累积、科技的不断进步，空间形态从单一中心到组团式发展，从都市圈向城市集群发展推进，城镇化质量趋于提高。另外，由于中国区域经济社会发展水平的差异，城镇化的地区差异较为显著。

（一）中国城镇化的基本进程

自新中国成立以来，中国城镇化的推进大体可分为三个阶段[①]：1950～
1977 年为波浪起伏时期，城镇化率平均每年提高 0.25 个百分点；1978～
1995 年为稳步推进时期，城镇化率平均每年提高 0.64 个百分点；1996～
2014 年为加速推进时期，城镇化率平均每年提高 1.35 个百分点，1996～
2014 年全国城镇化率年均提高幅度是 1978～1995 年的 2.1 倍，是改革开放
以前的 5.5 倍。相比较而言，自改革开放以来，中国城镇化推进的速度呈
现逐步加速的趋势，从 1978 年的 17.92% 提高到 2014 年的 54.77%，36 年间
城镇化率提高了 36.85 个百分点，平均每年提高 1.02 个百分点（见图 5-1）。

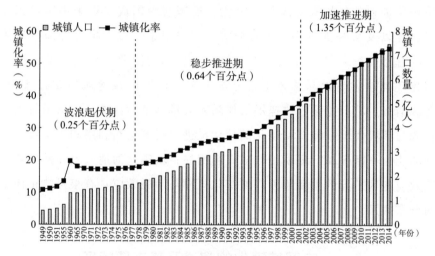

图 5-1　中国的城镇化阶段划分

说明：（1）数据来源：《中国统计年鉴》（2014 年）、2014 年统计公报；（2）阶段
划分参考魏后凯（2010）。[②]

一般地，基于城镇化 S 形曲线三个阶段的划分思想，采用 30%、
70% 两个临界值，认为 30% 以下为城镇化的初期阶段、30%～70% 为城
镇化的加速阶段，70% 以上为城镇化的后期阶段。实际上，从发达国家

---

① 魏后凯：《加速转型中的中国城镇化与城市发展》，载潘家华、魏后凯主编《中国城市发
展报告 NO.3》，社会科学文献出版社，2010。
② 魏后凯：《加速转型中的中国城镇化与城市发展》，载潘家华、魏后凯主编《中国城市
发展报告 NO.3》，社会科学文献出版社，2010。

的经验看，当城镇化率超过 50% 以后，城镇化将出现逐渐减速的趋势。就中国城镇化的变化看，目前已基本完成城镇化的加速期，进入城市社会。可以预见，在今后一段时期内，中国仍处于城镇化的快速推进时期，但相比较而言，城镇化率每年提高的幅度将会有所减慢，将进入减速时期。[①] 从总体趋势上看，中国当前资源和环境约束力不断加大，已经越过刘易斯拐点，农村富余劳动力趋于减少，未来城镇化势必进入一个重要的转型期，需更加注重推进绿色城市建设和城市群绿色发展。

（二）基于环境效应驱动因子视角的中国城镇化总体表征

1. 城镇规模不断增大

从各级城市和县的个数变化结构看，改革开放以来城镇化主要体现在地级市和县级市数量不断增长。其中，地级市 1978 年仅有 98 个，到 2013 年为 286 个，35 年间增加了 188 个；县级市 1978 年 92 个，到 2013 年为 368 个，增加了 276 个。相反，县及其他同级行政区从 1978 年的 2153 个减少到 2013 年的 1613 个，减少了 540 个（见图 5-2）。地级市和县级市个数的增加，一定程度上反映了全国经济总量、人口数量的城镇化规模的增加。

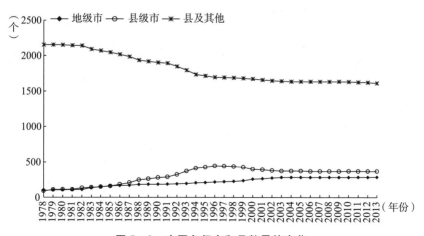

图 5-2 中国各级市和县数量的变化

资料来源：《中国城市建设统计年鉴》（历年）、中国城乡建设数据库。

---

① 魏后凯：《我国城镇化战略调整思路》，《中国经贸导刊》2011 年第 7 期。

从全国城市数量的变化看，城市数量从 1978 年的 190 个快速增长到 1996 年的 663 个，此后 1997~2013 年，城市数量基本保持稳定，总量保持在 650~664 个，总体上有所减少。但是 1996 年以来，城市建设规模不断扩大，1996 年平均每个城市建设用地为 28.66 平方公里，2013 年达到 72.03 平方公里（见图 5-3）。可见，1996 年以来城市土地的快速扩张是城镇规模外延增长的重要表现方式之一。

图 5-3　中国城市总量和城市建设规模的变化

注：其中 2005、2009 年城市建设用地面积不含上海市。

资料来源：《中国城市建设统计年鉴》（历年）、中国城乡建设数据库。

其中，2013 年全国设市 654 个，城市城区人口 3.40 亿，暂住人口 0.36 亿，建成区面积为 4.79 万平方公里；同期，全国地级及以上城市 290 个，其中人口在 400 万以上的城市有 14 个，200 万~400 万的有 33 个，100 万~200 万的有 86 个，100 万以下的有 157 个。2013 年，290 个地级及以上城市市辖区虽然土地面程仅占全国的 7.0%，但是 GDP 占全国的 63.9%，工业总产值占全国的 69.3%，房地产开发占 72.2%（见表 5-1）。

表 5-1　290 个地级及以上城市主要规模指标（2013 年）

主要指标	地级及以上城市市辖区合计	占全国比重（%）
土地面积	67.3 万平方公里	7.0

续表

主要指标	地级及以上城市市辖区合计	占全国比重（%）
人口总量	41425.0 万人	30.4
GDP	363325.1 亿元	63.9
#第二产业	—	69.3
第三产业	—	68.6
固定资产投资	219110.4 亿元	49.1
#房地产开发	62119.8 亿元	72.2

资料来源：《中国城市统计年鉴》（2014 年）。

　　从城市人口规模变化上看，改革开放以来特大城市和中等城市发展较快。其中，1980 年中国特大城市仅 18 个，城市人口占 38.7%，2009 年增加到 60 个，增加了 42 个，城市人口占到 47.7%，增加 9 个百分点；1980 年中国的中等城市有 69 个，2009 年增加到 238 个。2009 年，特大城市和中等城市的人口总量占比达 61.5%。另外，虽然大城市的城市个数从 1980 年的 30 个增加到 2009 年的 91 个，但是总人口占比从 24.6% 下降到 18.8%，与此同时，小城市数量从 1980 年的 109 个增加到 2009 年的 265 个，同样总人口占比却从 13.6% 下降到 10.7%（见表5－2）。[①] 显然，改革开放以来，许多大城市逐渐发展成特大城市，小城市发展成中等或大城市，人口更多向特大城市和中等城市流动。

表 5－2　中国城市人口规模的变化

城市类型	1980 年			1990 年			2000 年			2006 年			2009 年		
	数量（个）	数量比例（%）	城市人口比例（%）	数量（个）	数量比例（%）	城市人口比例（%）	数量（个）	数量比例（%）	城市人口比例（%）	数量（个）	数量比例（%）	城市人口比例（%）	数量（个）	数量比例（%）	城市人口比例（%）
特大城市	18	6.7	38.7	31	6.6	41.7	40	6.0	38.1	55	8.4	45.8	60	9.2	47.7

---

① 姚士谋，陆大道等：《中国城镇化需要综合性的科学思维——探索适应中国国情的城镇化方式》，《地理研究》2011 年第 30 卷第 11 期。

城市类型	1980 年			1990 年			2000 年			2006 年			2009 年		
	数量（个）	数量比例（%）	城市人口比例（%）	数量（个）	数量比例（%）	城市人口比例（%）	数量（个）	数量比例（%）	城市人口比例（%）	数量（个）	数量比例（%）	城市人口比例（%）	数量（个）	数量比例（%）	城市人口比例（%）
大城市	30	13.5	24.6	28	6.0	12.6	54	8.1	15.1	85	13.0	18.9	91	13.9	18.8
中等城市	69	30.9	23.1	119	25.5	24.6	217	32.7	28.4	230	35.1	23.3	238	36.4	22.8
小城市	109	48.9	13.6	289	61.9	21.1	352	53.2	18.4	286	43.6	12.1	265	40.5	10.7
合计	226	100	100	467	100	100	663	100	100	656	100	100	654	100	100

　　从建制镇的快速发展来看，以镇为中心推进的城镇化进程是中国总体城镇化的重要组成部分。自 20 世纪 80 年代中期开始，随着建制镇标准一度放宽[①]以及社会主义市场经济发展对壮大乡镇经济的需求，撤乡建镇在全国范围内实施，使得建制镇数量较快增加。其中，1984～1986 年，全国分别新增建制镇 4218、1954、1578 个；1992～1995 年，年均新增建制镇 1269 个；1996～2000 年，年均新增 432 个，到 2000 年全国建制镇为 19692 个。[②] 近年来，作为中国城镇化战略的重要举措，撤乡并镇在全国范围内加快推进，更加注重中心镇的建设和强化镇区的集聚功能。根据 2009 年国家统计局公布的第二次农业普查数据，中国现有建制镇 19391 个，比 2000 年减少 301 个，这主要是撤乡并镇发展和城市向城郊区镇区扩大的结果。

　　总之，在现阶段，一方面由于大城市就业机会及生活条件等吸引，农村人口不断向大城市迁移；另一方面，全国范围内农村地区非农业化过程加快，各地区中小城镇得到快速发展，中国城镇化表现出大中小城市和镇同时快速发展的局面，城镇人口不断增加，城镇地区建设面积不断扩大；同时，城市经济总量占全国比重不断提高。

① 1984 年国务院转批民政部《关于建镇标准的报告》。
② 魏后凯、刘楷：《镇域科学发展之路》，中国社会科学出版社，2010。

2. 工业化向纵深推进

一般地，在城镇化初期，工业化通过非农业化的拉动逐渐促进城镇形成并发展壮大，从而驱动城镇化进程；当城镇地区第三产业发展积累到一定程度时，城镇化会反过来带动工业化升级。如前文所述，新中国成立以来中国城镇化大体经历了缓慢、稳定和快速推进三个阶段；与此同时，工业化大致经历了重工业化、全面工业化和工业化转型升级三个发展阶段；另外，第一产业在国内生产总值中的比重总体上趋于下降，从 1955 年的 46.60% 下降到 2013 年的 10.01%，下降了 36.59 个百分点，第三产业比重从新中国成立初期到 20 世纪 80 年中期基本稳定在 20% 多的水平上，自 20 世纪 80 年代中后期开始快速提高，2000 年以后稳定在 40.46% ~ 46.09%（见图 5 - 4）。伴随着产业结构的演变，三次产业就业人口变化更为显著，1952 年，第一、第二、第三产业就业人员数量占总就业人员的 83.5%、7.4% 和 9.1%，到 2013 年占比演变为 31.4%、30.1% 和 38.5%（见图 5 - 5），第二、第三产业就业人员的增多是城镇化推进成效的重要体现。

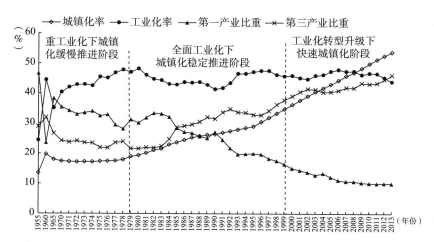

图 5 - 4　中国工业化和城镇化过程

注：城镇化率 = 城镇人口/总人口；工业化率 = 第二产业产值/国内生产总值。其中，第二产业包括工业和建筑业。

资料来源：《新中国六十年统计资料汇编》，《中国统计年鉴》（2014 年）。

（1）1949 ~ 1978 年是重工业化下城镇化缓慢推进阶段。经过 20 世纪前半叶较长期的政治动荡和战乱，旧中国大部分工业生产一度停滞，工

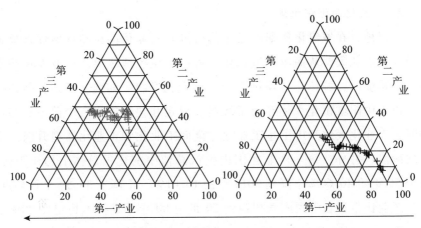

**图 5 - 5 新中国成立以来中国三次产业产值（左）及其
就业人口（右）占比分布变化（单位：%）**

说明：资料来源《中国统计年鉴》（2014 年）；图中箭头方向代表时间推进方向，
三次产业产值占比数据从 1955 年开始；三次就业人口占比数从 1952 年开始。

业化受阻。在经过国民经济的三年恢复期之后，在随后的"一五""二
五"计划中，中央把大力发展工业特别是重化工业提高到国家战略高度。
在工业布局上，在优先发展东北工业的基础上，在全国陆续新建一批工
业基地，形成"老工业基地"的雏形。特别是受"大跃进"运动以及积
极备战思想的影响，各地区均大力发展工业并自成体系，到"三五""四
五"时期，以国防工业、原材料工业、机械制造业和铁路运输等为重点，
国家"三线"建设工作全面推进。工业化率从 1955 年的 24.4% 提高到
1978 年的 47.88%，提高了 23.48 个百分点。这一时期，重化工业优先发
展的战略导致工业发展对劳动力吸收能力弱，城镇化水平不高；[①] 并且大
部分"三线"建设项目有"靠山、分散、隐蔽"的特征，不利于人口向
城镇地区集中。其中，1971 ~ 1978 年，中国的城镇化率基本稳定在
17.13% ~ 17.92% 的水平。

（2）1979 ~ 1997 年是全面工业化下的城镇化稳定推进阶段。十一届
三中全会之后，重化工业发展的战略思路得到调整，逐步走上重、轻工
业并重的全面工业化发展道路。这一时期，随着改革开放和社会主义市

---

① 郑长德、刘晓鹰：《中国城镇化与工业化关系的实证分析》，《西南民族大学学报》（人
  文社科版）2004 年第 4 期。

场经济体制改革的深化推进，非公有制经济地位越来越得到重视，特别是乡镇企业得到大力扶持和加快发展；同时，农村家庭联产承包责任制的施行，大大促进了农村经济的发展，除了农产品开始有剩余并为工业生产提供原材料之外，农村剩余劳动力增加并不断被吸纳到工业生产和城市第三产业当中。在全面工业化和农村经济剩余的双重驱动下，城镇化稳步推进，城镇化率从 1979 年的 18.96% 提高到 1996 年的 30.48%；这一时期，由于从传统的计划经济向社会主义市场经济转轨，第三产业得到较快发展。

（3）1998 年以来是快速城镇化时期，工业化进入转型升级阶段。实质上，到 20 世纪 90 年代中期，我国基本完成了以原材料工业为主的发展阶段，开始进入以重工业为主的高度加工化时期。[①] 到 1997 年，我国已经完成由卖方市场向买方市场的基本转变，长期以来的短缺经济不再；[②] 同年，党的十五届一中全会提出国有企业改革。2003 年，党的十六大正式提出走新型工业化道路，即信息化和工业化互动，充分体现"科技含量高、经济效益好、资源消耗低、环境污染少、人力资源优势得到充分发挥"的发展特点。总体上，这一时期工业化进入转型升级、深化推进阶段，从过去注重数量到更加注重质量，第二产业比重稳定在 43.89% ~ 47.95%，第一产业比重继续下降，第三产业比重则持续上升。

显然，随着改革开放的深化推进，第一产业剩余的增加和第三产业的蓬勃发展，不仅为以工业和建筑业为主导的第二产业发展提供了基础，而且推动了中国的城镇化进程。从城镇化和工业化发展的协调度来看，新中国成立以来，我国大致经历了城镇化滞后于工业化、城镇化与工业化基本协调以及城镇化快于工业化三个变化阶段。[③] 当前，工业化和城镇化均开始进入更加注重发展质量的转型升级和深化推进阶段。

3. 人力资本快速积累

从定义上看，人力资本是通过各种投资最终形成的凝结在人体内的

---

① 吕政等：《中国工业化、城市化的进程与问题》，《中国工业经济》2005 年第 12 期。

② 肖翔：《中国城市化与产业结构演变的历史分析（1949 ~ 2010）》，《教学与研究》2011 年第 6 期。

③ 李国平：《我国工业化与城镇化的协调关系分析与评估》，《地域研究与开发》2008 年第 5 期。

知识、能力、健康等所构成的并能够物化于商品和服务中，增加其效用并以此获得收益的价值。[①] 可见，人力资本的积累是一个系统全面的过程。长期以来，中国的二元结构使得城市地区在医疗、卫生、教育、科技等方面的基础设施水平远远超过农村地区。2013 年，仅全国地级及以上城市就拥有普通高等学校 2456 所，占全国的 98.6%，在校学生 2571.8 万人，占全国的 96.6%；医院、卫生机构床位数占全国的 88.7%，相比人口仅占全国的 30.4%。可见，中国城市地区对人力资本的积累具有显著的贡献。1982 年，我国的文盲率为 22.81%，2010 年降低到 4.08%；2010 年每十万人拥有大专及以上人口数是 1964 年的 21.5 倍，是 1982 年的 14.5 倍，是 1990 年的 6.3 倍，是 2000 年的 2.5 倍（见表 5 - 3）。可见，我国人口总体教育水平得到较快的提高，这显然离不开城镇化的贡献。

表 5 - 3　中国人口总体教育水平变化

指标（年）	1953	1964	1982	1990	2000	2010	2013
总人口（万人）	58260	69458	101654	114333	126743	134091	136072
每十万人拥有大专及以上人口数（人）	—	416	615	1422	3611	8930	—
文盲人口（万人）	—	23327	22996	18003	8507	5466	—
#文盲率（%）	—	33.58	22.81	15.88	6.72	4.08	—
城镇化率（%）	13.26	18.30	20.91	26.44	36.22	49.68	53.73
#城镇人口（万人）	7726	12710	21082	29971	45844	66557	73111
#乡村人口（万人）	50534	56748	79736	83397	80739	67415	62961

资料来源：《中国统计年鉴》（历年）。

与此同时，有实证研究表明，中国城镇化对人力资本累积具有较强的正向作用。[②] 从数据统计上看，城镇化率和人力资本存量之间具有强相关性，从变化趋势看，两者均表现出在 1978 ~ 1995 年平稳增长，在 1996 ~

---

① 王金营：《对人力资本定义及其含义的再思考》，《南方人口》2001 年第 1 期。
② 时慧娜：《中国城市化的人力资本效用研究》，中国社会科学院研究生院博士学位论文，2011。

2010 年快速增长的基本演变（见图 5－6）。[①] 2010 年人力资本存量达到 62064.21 亿元，是 1978 年的 22.68 倍。

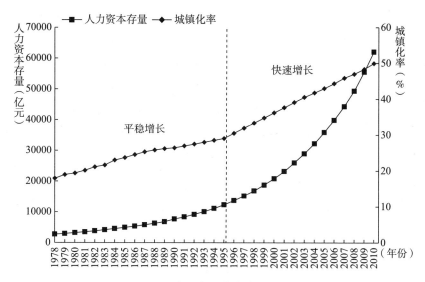

图 5－6 中国人力资本存量的变化

现阶段，人力资本的积累作用集中体现在科技事业发展上。根据国家"十二五"科技发展规划公布的数据："十一五"时期，中国发明专利授权数量已排世界第三位，国内发明专利申请数量年均增加 25.7%，授权量年均增长 31%；国际科学论文数量由世界第五位上升到第二位。另外，2010 年，国家（重点）试验室有 333 个，国家工程（技术）研究中心有 387 个，在"十一五"时期分别新建 156、114 个。可以肯定，科技进步有利于推动绿色城镇化进程。当然，除了科技事业发展以外，改革开放以来，我国各领域的深化改革，特别是国有企业改革、政府机构改革、国土开发体制机制的完善也充分反映了知识积累的作用。有研究指出，在中国加速城镇化进程是发展知识经济的现实选择。[②]

4. 城市组团和城市群快速发展

从城镇化市空间发展形态上看，除了市区不断向郊区、农村蔓延扩

① 人力资本存量（按照 1978 年不变价格计算）资料来源：付宇：《人力资本及其结构对我国经济增长贡献的研究》，吉林大学博士学位毕业论文，2014。

② 苗丽静：《城市化：我国知识经济的现实选择》，《城市研究》1999 年第 5 期。

张以外，近年来中国城市"连绵化"态势明显，城市组团和城市群发展是要素集聚形态的高级化表现。就城市群发展而言，由于主要是在一个区域内某个中心城市（称"核"）快速成长起来，其集聚与扩散效应并存，一方面不断集聚高端人才、现代信息、高端科技和商贸服务业，另一方面传统的产业开始向区外扩散；与此同时，该区域范围内城市数量不断增加，其他城市与中心城市在人才、信息、商贸、产业发展等方面的联系越来越紧密。这样，从空间形态上看，如果"核"城市向周围卫星城市辐射带动并抱团发展，就会形成一个城市簇群或都市区；如果"核"城市沿着交通干线"串轴"式的纵向发展，就会形成一个城市带（见图 5－7）。当然，近年来城市组团型发展也在加快，即开发建设新城新区，承载老城疏散的人口和产业及其他各类要素。

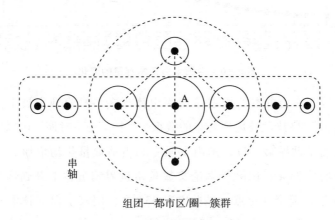

串轴

组团—都市区/圈—簇群

图 5－7　城市连绵化组团发展态势

说明：A 为城市群（带）的中心城市（核）。

随着中国城镇化的快速推进，近年来中国涌现一大批城市群，包括长三角、珠三角、京津冀、长江中游、成渝、哈长、海峡西岸等已经成为引领和支撑中国或区域经济持续稳定增长的重点城镇化区域。城市群发展有利于城市之间的专业化分工、资源合理分配、协作互补，在这一过程中，已逐渐在全国形成一批国际性中心城市、区域性中心城市和省区中心城市互动的空间格局雏形。这样，要素集中的方式从过去向单一中心城市集聚转向向一个城市群集中，在经济形态上，抱团发展的多个城市逐渐向同城一体化方向发展，这将有利于提高城镇化的环境正效应。

（三）中国城镇化的地区差异显著

1. 城镇化进程的地区差异

中国各地区城镇化进程严重不平衡。从绝对值上看，东部与东北地区城镇化水平较高，中西部地区城镇化率较低；东部和中部地区推进速度较快，东北地区推进速度较慢。2013 年，东部和东北地区城镇化率已经分别达到 62.8% 和 60.2%，而中西部地区分别只有 48.5% 和 46.0%，西部比东部和东北地区分别低 16.8 和 14.2 个百分点（见图 5-8）。2000～2013 年，全国城镇化率平均每年提高 1.35 个百分点，东部和中部分别年均提高 1.35 和 1.45 个百分点，西部地区年均提高 1.33 个百分点，而东北地区年均仅提高 0.62 个百分点。不过，从城镇化率的增长空间看，中西部地区将会成为未来中国城镇化的主阵地。

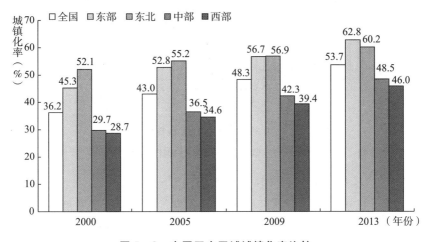

图 5-8　中国四大区域城镇化率比较

资料来源：根据《中国统计年鉴》（2001、2006、2010、2014 年）整理计算。

从各省区的情况看，2013 年中国城镇化水平最高的是上海，达到 89.60%，北京和天津紧跟其后，城镇化率分别达到 86.30% 和 82.01%。另外，广东、辽宁、江苏、浙江和福建五省区城镇化率超过 60%；内蒙古、重庆、黑龙江、湖北、吉林、山东、海南、山西、宁夏和陕西十个省区城镇化率已经过 50%，与全国一样进入城市社会；江西、青海、河北、湖南、安徽、四川、广西、新疆、河南、云南、甘肃十一省区城镇化率为 40% 多，贵州和西藏城镇化率最低，分别只有 37.83% 和 23.71%（见图 5－9）。

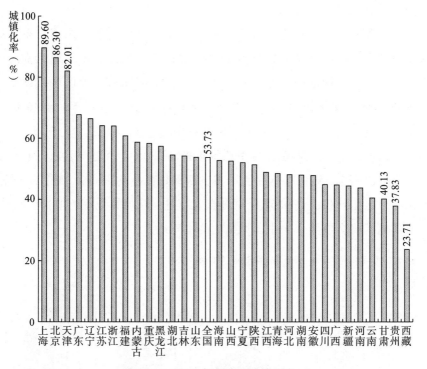

图 5－9 2013 年各地区城镇化率

资料来源：根据《中国统计年鉴》（2014 年）整理计算。

2. 城镇化与地区经济增长的差异

从统计描述上看，各地区城镇化水平的高低与其经济发展水平相关。以 2009 年数据为例，以全国城镇化水平和人均生产总值大小作为参照，大体可以把各省区市划分为五类：一是高城镇化率与经济发达地区，包括上海、北京、天津 3 个直辖市；二是较高城镇化率及经济较发达地区，包括浙江、广东、江苏、辽宁、内蒙古、山东、福建、吉林 8 个省区；三是城镇化率高于全国水平但经济发展低于全国水平的地区，包括重庆、黑龙江和海南 3 个省市；四是城镇化及经济发展水平均较低的地区，包括中部六省，西部的陕西、宁夏、四川、青海、广西、新疆以及东部的河北，一共 13 个省区；五是城镇化及经济发展均处于全国最低水平的地区，有西藏、贵州、甘肃、云南 4 个省区（见图 5－10）。进一步比较

2013 年各省区的城镇化率和人均 GDP 值的相关性，图 5 – 11 直观表现出较强的相关性，即城镇化率较高的发达地区人均 GDP 值也较高（见图 5 – 11）。

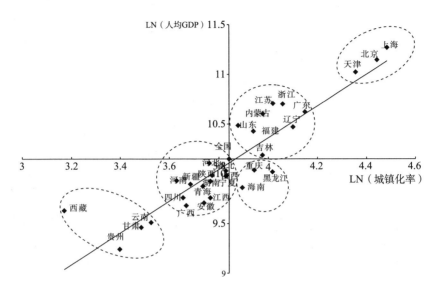

图 5 – 10　中国各省区城镇化率与人均 GDP 关系分布（2009 年）

资料来源：根据《中国统计年鉴》（2010 年）。

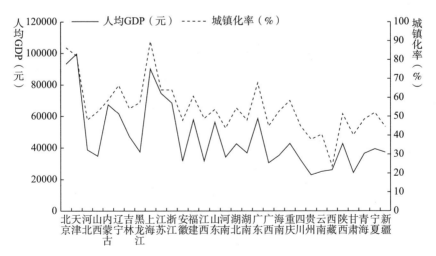

图 5 – 11　中国各省区城镇化率与人均 GDP 数值一致性（2013 年）

资料来源：根据《中国统计年鉴》（2014 年）。

3. 城镇规模的地区差异

从 2013 年地级及以上城市人口规模看，中国东部地区 10 个省区的 88 个城市中，400 万以上人口的城市有 7 个，占全国的 50%，200 万 ~ 400 万人口的城市有 20 个，占全国的 60.6%；400 万以上人口的大城市，中部 6 省只有 2 个，西部 12 省只有 3 个；不过 100 万人口以下的城市，东部地区有 31 个，中部地区有 48 个，西部地区 53 个，东北也有 25 个。从省区个数的平均数看，显然东部地区最少，而中部和东北地区最多（见表 5 - 4）。

表 5 - 4　中国四大区域地级及以上城市人口规模（2013 年）

地区	合计	按城市市辖区总人口分组					
		400 万以上	200 万 ~ 400 万	100 万 ~ 200 万	50 万 ~ 100 万	20 万 ~ 50 万	20 万以下
东部	88	7	20	30	22	8	1
中部	80	2	6	24	35	13	0
西部	88	3	5	27	27	25	1
东北	31	2	2	5	19	6	0

资料来源：《中国统计年鉴》（2014 年）。

从县级区域数量的地区分布看，在绝对数上，东部、西部、东北和中部地区的县级区划数分别为 774、1083、288 和 708 个，但是按照省区平均数则依次为 77、90、96 和 118 个，显然中部地区县级行政区的密度最高。从地理空间密度分布上看，较为集中的地区位于京津冀、长三角、中原、川渝和陕甘等（见表 5 - 5）。

表 5 - 5　中国县级区划单元的地区分布（2013 年）

单位：个

地区	县级区划	分类			
		#市辖区	#县级市	#县	#自治县
东部地区	774	305	138	315	16
#京津冀	204	64	22	112	6
沪苏浙	207	105	44	57	1

续表

地区	县级区划	分类			
		#市辖区	#县级市	#县	#自治县
西部地区	1083	218	86	646	80
#川渝	221	67	14	132	8
陕甘	193	41	7	138	7
东北地区	288	140	56	80	12
#黑龙江	128	64	18	45	1
中部地区	708	209	88	401	9
#河南省	159	50	21	88	——

资料来源：《中国统计年鉴》（2014 年）。

从全国建制镇的数量来看，2009 年东部地区 6155 个，平均每省区 616 个；中部地区 4933 个，平均每省区 822 个；西部地区 6800 个，平均每省区 567 个；东北地区 1503 个，平均每省区 501 个。显然中部和东部地区的建制镇发展较快，西部和东北地区相对滞后。从建制镇的平均规模来看，东部建制镇的多项规模指标均超过全国平均水平，相比之下，西部和东北地区均低于全国平均水平。其中，在固定资产投资规模上，东部地区投入最多，分别是全国、中部、西部和东北的 2 倍、3 倍、4 倍和 16 倍。在占地面积上，东部地区也最大，其次是东北，中西部地区相对较少，低于全国平均水平（见表 5 - 6）。

2013 年，各地区建制镇数量都在减少，东部地区 5331 个，平均每省区 533 个；中部地区 4617 个，平均每省区 770 个；西部地区 6100 个，平均每省区 555 个；东北地区 1401 个，平均每省区 467 个。与 2009 年相比较，全国各地区建制镇的数量在减少，这在一定程度上反映了我国近年来在全国范围内正加快撤并一大批建制镇。

表 5 - 6　全国及各地区建制镇的平均规模

	总人口（人）	镇区人口（人）	就业人员（人）	固定资产投资（万元）	镇区占地面积（公顷）
全国	41412	10926	22097	31896	436
东部	52663	15453	28661	64375	566

续表

	总人口（人）	镇区人口（人）	就业人员（人）	固定资产投资（万元）	镇区占地面积（公顷）
中部	43244	10652	22955	22733	353
西部	32725	7597	17264	15284	364
东北	28629	8352	14271	4123	494

资料来源：建制镇个数来自《中国第二次全国农业普查资料汇编》（农村卷），其他数据来自《中国建制镇统计资料2010》。

4. 城镇化环境建设的地区差异

由于地区经济发展水平的差异，各地区环境投入的差距也很大，特别是资金投入及其环境基础设施建设表现出东部沿海地区明显优于中西部地区。仅从城市燃气普及率看，城镇化率较高的发达地区远远高于城镇化率较低的欠发达或落后地区。例如，2010年北京、上海、天津的城市燃气普及率均为100%，河北、浙江、江苏、山东的普及率也达99%，但是全国普及率最低的贵州省城市燃气普及率只有69.72%，另外，河南、甘肃、云南、内蒙古、西藏五省区的普及率也不到80%。从空间布局上看，东部沿海地区燃气普及率较高，其次是中部和东北地区，西部地区最低。燃气的普及及新技术的开发应用，有利于能源消费集约和减排，对城市环境改善具有积极作用。此外，中国城镇化的地区差距还表现在城市信息化、交通、环保设施等各个领域的建设上；而且城市群之间的差距也很大。有研究表明，中国的创新活动主要集中在城市化水平较高的环渤海和长三角城市群地区。[①] 城镇化进程及城市发展水平的差异，导致各地区的环境效应差距也很大。

二 中国城镇化环境效应的阶段变化

虽然在过去一段时间内，中国的快速城镇化消耗了大量物质资源，各种污染排放严重，付出了沉重的资源环境代价，但是城镇化的深入推进，驱动着经济增长、技术进步、制度创新以及产业结构的调整与转型等，生

---

① 姜磊、季民河：《城市化区域创新集群与空间知识溢出》，《软科学》2011年第12期。

态建设与环境保护工作也得到了较快的发展，特别是近年来随着生态文明战略的提出，低碳经济、绿色消费等理念逐渐深入人心，城镇化的环境正效应作用随之不断强化，资源集约、低碳减排等取得了一定的成效。

（一）资源利用的集约度不断提高

经济活动和人口在城镇地区的集聚，特别是在大城市集聚会带来资源利用和配置的集约化。随着中国城镇规模的扩大，资源需求不断增长导致资源的大量消耗，但是同时，城市地区的资源利用集约程度总体上也不断提高。水资源消耗总量总体上趋于上升趋势。1998 年全国城市地区消耗水资源 470.5 亿立方米，2013 年为 537.3 亿立方米，年均增加消耗 4.5 亿立方米。正因为如此，目前在全国有 400 多个城市缺水，其中约 200 个城市严重缺水，北京、山西、山东、河北、河南等地的城市供水均在挤占农业用水，超采地下水导致地下水位普遍下降。不过，从城市人均日生活用水量上看，生活用水趋于集约化，1998 年人均日生活用水为 214.07 升，2013 年下降到 173.5 升，城市生活用水集约化大大提高。这说明，目前城市用水消耗主要来自生产活动尤其是工业用水（见图 5 - 12），如 2013 年全国工业用水 1406.4 亿立方米，生活用水 750.1 亿立方米，生态用水 105.4 亿立方米。

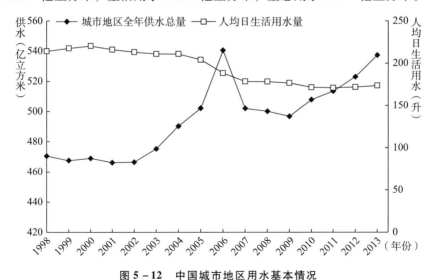

图 5 - 12　中国城市地区用水基本情况

资料来源:《中国统计年鉴》(1999～2014 年)。

从全国能源消耗的经济效率看，万元 GDP 能耗从 1978 年的 15.7 吨标准煤降调到 2013 年的 0.66 吨标准煤，单位产出水平的能耗降低幅度大，能源利用效率大幅度提高，仅从数值趋势图上就可以看出，能源消耗与城镇化率之间呈显著负相关，即城镇化进程在一定程度上是有利于能源集约和高效利用的（见图 5 - 13）。

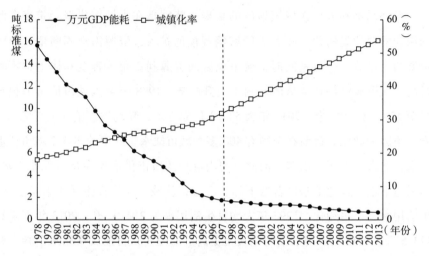

图 5 - 13　中国快速城镇化进程中能源效率的变化

资料来源：《中国统计年鉴》（历年）。

（二）污染综合处理能力不断增强

在城镇化过程中，工业化的纵深推进大大提高了产业发展质量。从"十五"到"十二五"国民经济和社会发展规划纲要看，不断加大对工业循环经济发展的导向力度，工业污染减排的标准也不断提高。从 2000 年以来工业二氧化硫与生活二氧化硫以及工业烟尘与生活烟尘的排放量及其比重上看，中国城镇化进程中的大气环境污染主要来自工业废气排放。工业废气污染远远超过生活废气污染，并且生活废气的排放量较为稳定（见图 5 - 14，图 5 - 15）。一个较为明显的变化趋势是：在"十一五"时期，全国工业二氧化硫和工业烟尘的排放量有减少势头。这说明在污染物排放的源头管控上取得了一定的成效。

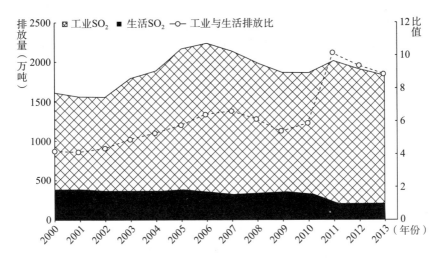

图 5 – 14　中国工业与生活 SO₂ 排放量（2000 – 2013 年）

资料来源：中国环境数据库。

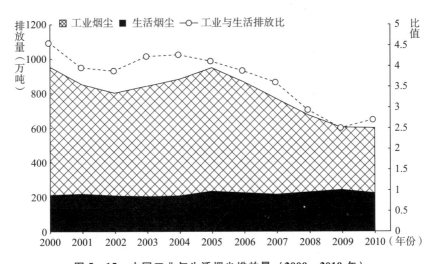

图 5 – 15　中国工业与生活烟尘排放量（2000 ~ 2010 年）

资料来源：中国环境数据库。

从污染治理和综合利用上看，各地区和主要城市的"三废"处理率总体水平在不断提高。全国工业废水达标量 2000 年为 76.9%，2010 年达到 95.3%；同期，工业固体废弃物综合利用率从 2000 年的 45.9% 提高到 2013 年的 62.2%（见图 5 – 16），工业和生活废气特别是二氧化硫和烟尘排放的去除能力也在提高。另外，从全国及各地区城市生活垃圾无公害化处理率看，随着新型城镇化的深化推进，到"十二五"时期，全国及各地区城市生活垃圾无公害化处理率进一步大幅度提高，全国城市生活垃圾无公害化处理率从 2005 年的 51.7% 提高到 2013 年的 89.3%，同期各省区处理率提高幅度也较大，特别是北京、重庆、浙江、山东、海南等省区城市生活垃圾无公害化处理率均达到 99%（见图 5 - 17）。

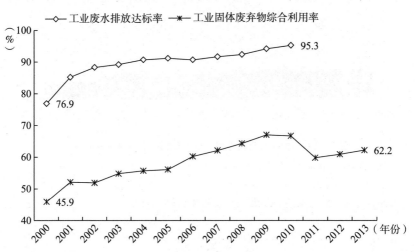

图 5 - 16　全国工业废水和固体废弃物的处理能力变化

资料来源：中国环境数据库。

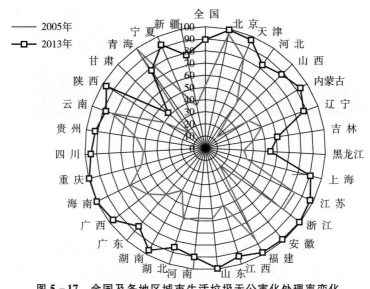

图 5 - 17　全国及各地区城市生活垃圾无公害化处理率变化

资料来源：《中国统计年鉴》（2006、2014 年）。

　　污染综合处理能力的提高主要得益于两方面的重点工作。一是用于环保的各项投入不断增强。首先，从环保投入资金上看，2000 年环境污染治理投资总额为 1010.3 亿元，占 GDP 的 1.02%，2013 年总投资达到 9516.5 亿元，占 GDP 的 1.67%；其中，城镇环境基础设施建设投资大规模增长，由 2000 年的 515.5 亿元增加到 2013 年的 5223 亿元（见图 5 - 18）。其次，环保系统机构设置逐渐完善，人员配备不断得到补充。环保系统机构从 2000 年的 11115 个增加到 2013 年的 14257 个，13 年间增加了 3142 个机构；同期，环保系统总人数从 13.1 万人增加到 21.2 万人，增加了 8.1 万人。其中，环保监察和监测人员大幅度增加，2013 年，环境监察和监测人员共 12.1 万人，占环保系统总人数的 57.1%。环境宣教活动全面展开，2013 年我国从事环境宣传教育活动达到 3294.17 万人次，环境教育基地数达 1902 个。最后，环境基础设施不断完善。2013 年，全国范围内已经建成环境空气监测点位 3001 个，酸雨监测点位 1176 个，沙尘暴监测点位 82 个，地表水水质监测断面 9414 个，充分保障了环境监测活动。

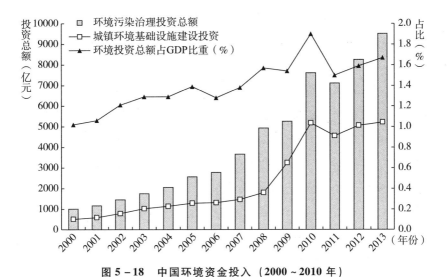

图 5 - 18　中国环境资金投入（2000 ~ 2010 年）

资料来源：《中国统计年鉴》（历年）。

　　二是环境工作深化推进。随着资源和环境约束力的加强，国家层面一系列环保政策和有利于环保的相关条例等不断出台，环境管制制度日益完善。与此同时，社会各界对环境问题也越来越关注，2013 年，全国环保系统共收到群众来信 10.4 万封，群众来访 4.6 万批次，10.7 万人次，其中，已办结来信和来访 15.2 万件；电话及网络投诉 111.2 万件，其中，已办结数为 109.9 万件，处理率达 98.8%。环境监测工作国际化接轨步伐加快。例如，逐渐在全国范围内开展 PM2.5 和臭氧的监测工作。根据环保部的部署，2012 年首先在京津冀、长三角、珠三角等重点区域以及直辖市和省会城市开展 PM2.5 和臭氧的数据监测，2013 年全国 113 个环境保护重点城市和环保模范城市将开展监测；2015 年普及到所有地级以上城市，计划到 2016 年在全国全面实施。

（三）能源和原材料消耗总量不断增长

在城镇化的快速推进中，中国的原材料和能源消费一直占世界较大比重。2012 年我国经济总量占世界的比重为 11.6%，但消耗了全世界 21.3% 的能源、54% 的水泥、45% 的钢。[①] 我国能源消费占世界能源消费比重连年增长，其中 2014 年，中国能源消费总量占全球的 23%，其中煤炭消费量占全球消费总量的 50.6%，石油消费量占全球消费量的 12.4%。从时间序列变化趋势看，新中国成立以来，我国能源消费总量变化大致经历了缓慢、快速和高速三个增长阶段（见图 5 – 19），这与城镇化进程基本吻合，这表明城镇化的推进在一定程度上增加了能源消费需求。现阶段，中国能源和原材料的消费大部分集中在城镇地区，在 2009 年中国的终端能源消费中，工业与交通运输业以及城镇居民生活的能源消费占全国总消费量的 85.2%；在全国生活能源的消费中，城镇地区居民的生活能源消费量占 61.0%。[②] 这主要基于两个方面的原因：一是城镇人口总量客观上会增加城镇地区的资源和能源消费；二是主要经济活动特别是工业和建筑业发生在城镇地区，在现阶段的产业技术条件下，这些经济活动会消耗大量的资源和能源。

---

① 第十二届全国人民代表大会常务委员会第八次会议《国务院关于节能减排工作情况的报告》。

② 魏后凯、张燕：《全面推进中国城镇化绿色转型的思路和举措》，《经济纵横》2011 年第 9 期。

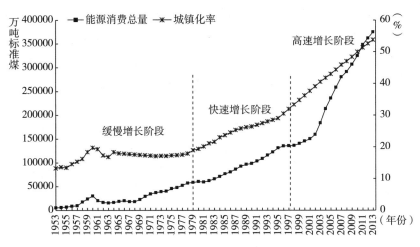

图 5-19　中国城镇化率和能源消费总量

资料来源：《新中国六十年统计资料汇编》和《中国统计年鉴》（历年）。

（四）城镇土地扩张迅猛

首先，从总量上看，全国城市建成区面积不断扩大。2000 年全国城市建成区面积 22439.28 平方公里，2013 年扩大到 47855.28 平方公里，平均每年增加 1955.08 平方公里。其次，从均值上看，全国城市平均土地规模快速扩张，1996 年平均每个城市建设用地为 28.66 平方公里，2013 年达到 72.03 平方公里。最后，从全国主要特大城市建成区面积变化看，其中 2009 年北京城市用地是 1952 年的 20.6 倍、1978 年的 7.1 倍、1997 年的 2.8 倍；广州城市用地是 1952 年的 54.9 倍、1978 年的 13.5 倍、1997 年的 3.5 倍；重庆城市用地是 1952 年的 62.7 倍、1978 年的 13.4 倍、1997 年的 4.1 倍。尤其是 1997 年以来城市建设不断扩张，其他主要特大城市情况基本类似（见表 5-7）。[①] 1997 年以来，中国城市地区土地扩张的主要原因在于各地区在加快旧城改造的同时，掀起了一股新城建设与扩张的热潮。大多数城市新区的规划面积达到数百平方公里，少部分规划到上千平方公里。例如，上海浦东新区为 1210.41 平方公里，天津

---

①　姚士谋、陆大道等：《中国城镇化需要综合性的科学思维——探索适应中国国情的城镇化方式》，《地理研究》2011 年第 30 卷第 11 期。

滨海新区 2270 平方公里，重庆两江新区 1200 平方公里、大连金普新区 2299 平方公里等。与此同时，一段时期内在跨越赶超的思潮和产业进园区的政策导向下，全国各地区大兴产业园区建设或老工业园区扩建工程，园区规划面积也得到快速扩张。

表 5－7　中国主要的大城市建成区面积及扩张情况（1952～2009 年）

单位：平方公里

年份 城市名称	1952	1978	1997	2003	2005	2009	扩大倍数 （1952～2009）
上海	78.5	125.6	412.0	610.0	819.0	1160.0	14.8
北京	65.4	190.4	488.0	580.0	950.0	1349.0	20.6
广州	16.9	68.5	266.7	410.0	735.0	927.1	54.9
天津	37.7	90.8	380.0	420.0	530.0	622.5	16.5
南京	32.6	78.4	198.0	260.0	512.0	598.1	18.3
杭州	8.5	28.3	105.0	196.0	310.0	392.7	46.2
重庆	12.5	58.0	190.0	280.0	582.0	783.8	62.7
西安	16.4	83.9	162.0	245.0	280.0	410.5	25.0

（五）污染物排放总量趋于增加

随着城镇化的深化推进，资源的高消耗带来高污染排放，已经严重影响了人居环境质量。从城镇地区看，2010 年底仅全国 113 个环保重点城市的废水排放量就占全国的 60.0%，化学需氧量排放量占 46.8%，二氧化硫排放量占 49.5%，氮氧化物排放量占 53.9%，烟尘排放量占 43.8%。[1] 随着城镇人口的增加，城镇生活废弃物排放增多，部分城市生活垃圾的处理能力跟不上污染排放的强度，"垃圾围城"和城市污染严重，逐渐向城郊和农村地区蔓延扩散。目前，全国有将近 2/3 的城市处于垃圾包围之中，[2] 侵占了大量的耕地或绿化土地。城镇化进程中污染排放的累积，带来诸多环境问题，例如水体污染、农田污染、空气污染以

---

[1]　中国环境保护部：《中国环境统计年报》（2010 年），2012。

[2]　吴小康：《垃圾围城：突围，刻不容缓》，《半月谈》2011 年第 7 期。

及生态系统破坏、酸雨频繁等。2014 年，全国开展空气质量新标准监测的 161 个地级及以上城市中，有 145 个城市空气质量超标；全国 470 个降水监测的城市（区、县）中，酸雨城市比例为 29.8%，酸雨频率平均为 17.4%。[①] 值得注意的是，中国城镇化进程中的环境污染主要来自工业污染。2010 年，工业烟尘排放量为 603.2 万吨，是生活烟尘排放量的 2.67 倍；2013 年，工业二氧化硫排放量为 1835.2 万吨，是生活二氧化硫排放量的 8.81 倍，可见工业污染远超过生活污染。由于城镇人口尤其是大量的新增城镇人口需要就业岗位，产业发展成为重要的支撑，而大多工业主要集中在城镇地区，这样，城镇化水平与工业污染排放水平呈现强相关性，即在传统粗放式发展模式下，随着城镇化水平的不断提高，工业污染排放效应趋于强化。从数据上看，自 1997 年以来的中国快速城镇化推进阶段，工业污染物排放量总体上是趋于增长的，特别是工业废气排放量一直增长较快，从 1997 年的 11.34 万亿标立方米连年增长，到 2013 年已经达到 66.94 万亿标立方米（见图 5 - 20）。

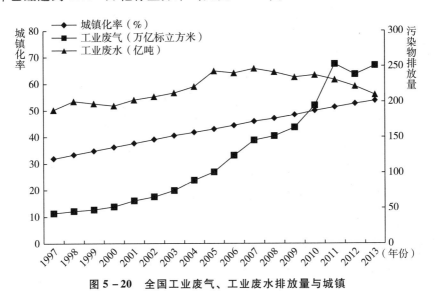

图 5 - 20　全国工业废气、工业废水排放量与城镇
化率的变化（1997～2013 年）

资料来源：中国环境数据库。

---

① 环保部：《2014 年中国环境状况公报》。

（六）地学效应明显和生物多样性减少

从地学效应变化看，中国城镇化过程中由于水泥地建设导致大面积的地表硬化和建筑化，大量植被及地下水循环系统遭到破坏，部分地区甚至发生地质灾害等。例如，为充分利用地下空间，城市地下空间开发不断强化，一定程度上节约了土地，增加了城市利用空间，但是对城市地质结构客观上带来了巨大的破坏，城市地面塌陷普遍。另外，随着人口不断向城镇地区集聚，为了吸纳新增人口，各大城市都存在提高容积率、建设高楼的现象。在平原、盆地地区的城市建筑林立，形成丘陵化，改变了原有的地区面貌。城市建筑丘陵化阻碍了大气流动，改变原有的热平衡和交换，形成"热岛"效应。

从生物效应看，由于城镇化进程中大量消耗资源、排放污染物并且加剧地学效应，现阶段中国内陆淡水生态系统已在不同程度上受到威胁，部分重要湿地的生态系统功能开始退化，部分农作物野生近缘种环境遭受破坏，生物多样性由此受到威胁。根据统计，15%～20%的野生高等动植物处于濒危状态，其中，脊椎动物有233种濒临灭绝、约44%的野生动物数量趋于下降；野生稻分布点约有60%～70%在消失或萎缩。[①]

三 中国城镇化环境效应的地区差异

由于城镇化所处阶段和城镇化主导产业的地区差异，各地区在资源消耗和污染排放以及环境投入方面差异也很大。总体来说，我国东部沿海地区的环境效率高于中西部地区，东北作为典型的老工业基地，资源型城市较多，资源开发和能源消耗的强度相对较大。另外，由于特大城市、大城市主要分布在东部沿海地区，因此东部沿海地区城市环境公害相比其他地区更为严重，尤其是城市内涝、"五岛"效应、地面下沉及辐射和光污染等环境问题严重。

---

① 中国环境保护部：《中国生物多样性保护战略与行动计划》（2011～2030年）（环发〔2010〕106号），2010年9月。

一是各省区城市废弃物排放差异很大。从城市工业烟尘的排放来看，2013 年，每万人排放量最少的是海南省，仅 6.57 吨，其次是西藏为 10.95 吨，最高的是山西达 1104.99 吨；北京、广东、湖南、河南、安徽等地区人均排放量较少，相反，资源型重化工业地区如东北三省、河北、内蒙古、山西等地的工业烟尘人均排放量较高。另外，工业二氧化硫的人均排放量也大致如此，其中海南最低仅 8.15 吨，其次是西藏为 17.89 吨，内蒙古最高达 493.15 吨。可见，资源型城镇化地区工业污染排放强度较高、发达城镇化地区工业污染强度相对较低。

二是各地区城市生活垃圾无公害化处理率差异很大。具体地，2013 年，甘肃、黑龙江、吉林三省较低，分别只有 42.3%、54.4% 和 60.9%；70% ~ 80% 的有青海和新疆 2 个省区，80% ~ 90% 的有 6 个省区，90% 以上的有 19 个省区；同期，全国城市生活垃圾无公害化处理率为 89.3%。可见，各省区城市垃圾无公害化处理能力存在显著差异，一定程度上与各地区的城市现代化和经济发展水平相关。

三是能源消耗强度的省区差异显著。从万元地区生产总值的能源（吨标准煤）消耗强度看，2012 年能源消耗强度较低的为北京、广东、浙江、江苏等东部沿海地区省份，能源消耗强度较大的为资源输出型和欠发达省区，例如甘肃、内蒙古、贵州、新疆、山西、青海、宁夏等省份。其中，北京万元地区生产总值消耗 0.4 吨标准煤，能源消耗强度全国最低，宁夏万元地区生产总值消耗 1.95 吨标准煤，位居全国之首，是北京的 4.9 倍，可见能源消耗强度的地区差异非常大。总体上，东部沿海发达地区消耗强度比中西部地区低。

四是从主要城市空气质量看，地区差异也很大。虽然近年来随着城市环境投入的加强，全国总体的大气质量有所好转，但是地区差异依然很大。2013 年，昆明、拉萨、海口、福州空气质量最好，二级及以上天数均达到 90%；同期，天津、成都、郑州、济南和石家庄空气质量最差，二级及以上天数占比分别为 39.73%、38.08%、36.71%、21.64% 和 13.42%（见图 5 - 21）。当然，大气质量除了受到本地污染源污染之外，有时候也会随着大气流动，受周边其他地区的影响，但是总体而言，城市的产业结构与空气质量具有较强的相关性。

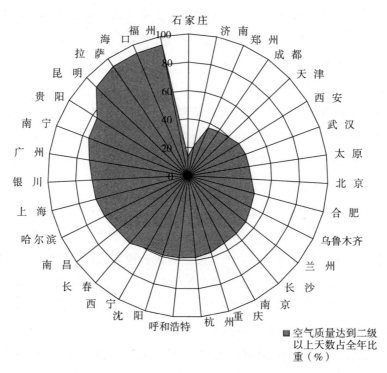

图 5 – 21　主要城市全年空气质量（2013 年）

资料来源：《中国统计年鉴》（2014 年）。

四　基于城镇化规模的环境效应分布

从全国城市群的空间布局看，作为全国主体功能区中的优化开发区域，环渤海（包括辽中南和京津冀地区）、长三角和珠三角地区是我国城镇化率较高的区域，城镇总体规模也较大；中原、长江中游、海峡西岸、北部湾、成渝和关中 – 天水地区作为全国主体功能区的重点开发区域，已经形成一些区域性的城市群（见表 5 – 8），城镇化初具规模。

表 5 – 8　中国城镇化地区发展格局

	城镇化地区	类型	省市（区）
东部	京津冀	优化开发	北京、天津、河北
	长三角	优化开发	上海、江苏、浙江

续表

	城镇化地区	类型	省市（区）
东部	珠三角	优化开发	广东
	山东半岛	优化开发	山东
	冀中南	重点开发	河北
	东陇海	重点开发	江苏、山东
	海西	重点开发	福建、浙江、广东
东北	辽中南	优化开发	辽宁
	哈长	重点开发	黑龙江、吉林
中部	太原	重点开发	山西
	江淮	重点开发	安徽
	中原	重点开发	河南
	长江中游	重点开发	湖北、湖南、江西
西部	呼包鄂榆	重点开发	内蒙古、陕西
	北部湾	重点开发	广西（广东、海南）
	成渝	重点开发	重庆、四川
	黔中	重点开发	贵州
	滇中	重点开发	云南
	藏中南	重点开发	西藏
	关中－天水	重点开发	陕西、甘肃
	兰州－西宁	重点开发	甘肃、青海
	宁夏沿黄	重点开发	宁夏
	天山北坡	重点开发	新疆

资料来源：根据《全国主体功能区规划》整理。

　　根据城镇化环境效应机理，在城镇化的快速推进阶段，城镇规模扩大会导致环境牺牲的加快增长，特别是在一定技术条件和经济发展水平下，资源的高消耗会带来污染物的高排放。实质上，从中国工业污染物排放的空间分布看，全国城镇化优化开发和重点开发地区的污染排放相对较为集中，污染排放总量较大。

　　具体地，从 2013 年工业污染排放占全国总量的比重看，珠三角、长三角、关中－天水、北部湾、川渝、京津冀、东北等区域的地级及以上城市的工业废水占全国的 48.42%，工业二氧化硫占全国的 36.39%，工

117

业烟尘占全国的 37.33%；其中，长三角和东北地区的工业污染排放占全国比重较大。另外，山西省的工业污染排放量非常大，工业废水、工业二氧化硫和工业烟尘的排放量分别占全国的 2.16%、6.16% 和 35.89%，这与山西煤炭工业主导型的城镇化有很大关系（见表 5 - 9）。显然，从污染排放的空间分布看，东北、京津冀、长三角和珠三角地区的工业污水排放较为集中，其次是关中 - 天水和成渝地区；工业二氧化硫和工业烟尘排放强度的全国分布也大致如此，可见，现阶段我国城镇化密集地区的环境污染问题更为集中，这些区域的环境质量亟待改善。

表 5 - 9   中国主要城镇化地区的工业污染物排放（2013 年）

地区	工业废水		工业二氧化硫		工业烟尘	
	排放总量 （万吨）	占全国 比重（%）	排放量 （吨）	占全国 比重（%）	排放量 （吨）	占全国 比重（%）
珠三角	117530	5.60	425773	2.32	171567	1.57
长三角	454338	21.66	1667083	9.08	818372	7.48
关中 - 天水	26132	1.25	339628	1.85	113381	1.04
北部湾	20288	0.97	81047	0.44	61631	0.56
川渝	95443	4.55	1184694	6.46	417679	3.82
京津冀	137710	6.56	1425122	7.77	1272099	11.62
东北	164372	7.83	1554866	8.47	1230296	11.24
#小计	1015813	48.42	6678213	36.39	4085025	37.33
+山西	45226	2.16	1129897	6.16	3928679	35.89
#合计	1061039	50.58	7808110	42.55	8013704	73.22

说明：（1）该表地区和全国数据根据《中国城市统计年鉴》（2014 年）地级及以上城市数据加总整理和相关计算。（2）受到数据可得性限制以及计算方便，本表地域范围，珠三角地区：广州、深圳、珠海、佛山、江门、东莞、中山、惠州和肇庆市；长三角地区：上海、江苏和浙江；关中 - 天水地区：西安市、铜川市、宝鸡市、咸阳市、渭南市、商洛市和天水市；北部湾地区：南宁、北海、防城港、玉林、崇左；川渝地区：四川和重庆；京津冀：北京、天津和河北；东北：黑龙江、吉林和辽宁。

五　本章小结

根据城镇化 S 形曲线阶段理论，现阶段中国已经进入城镇化中期阶段。改革开放以来，中国城镇化快速推进，城镇规模不断扩大，工业化纵深推进，城镇集群效应日益增强；同时，表现在各个层面上的城镇化地区差异也较为显著。城镇化演进历程以及地区差异在一定程度上决定了环境变化的基本特征。总结起来，对中国城镇化环境效应的现状分析，可以得到以下基本结论。

一是中国城镇化环境效应的阶段特点明显。随着中国城镇化的快速推进，消费需求的不断增加，受经济发展水平和技术条件约束，过去消耗了大量的资源、能源、原材料并向自然生态系统排放了较大规模的废弃物、污染物，对生态环境造成了较大程度的损害，影响到健康的原生态人居环境。具体地，中国城镇化环境负效应主要集中体现在两个方面：一是水、土地、能源、原材料等资源的高消耗，由此导致资源供需矛盾日益加剧；二是资源消耗过后的一系列环境问题，例如水体污染、大气质量降低、生物多样性减少、酸雨频繁、原生态植被破坏以及城市边缘土地沙漠化、城市"热岛"效应、"垃圾围城"等。但是，这一局势近年来有一定的扭转，要素向城镇地区集聚在一定程度上也有利于集约节约利用资源并有力推进污染集中治理，城镇化的环境正效应开始发挥明显作用。

二是中国城镇化的环境效应具有显著的地区差异。一方面，城镇化所处阶段不一致，我国东部沿海地区的城镇化率较高，西部地区城镇化率较低，东西部的经济社会发展水平差异也很大。根据城镇化最优环境驼峰效应理论，当经济社会处于温饱阶段，环境牺牲不可避免，在中国发展实践中也是如此，虽然西部地区生态足迹较小，但是从单位产出的能源消耗等指标看，西部地区环境压力较大；与此同时，东部地区的环境建设能力远远高于西部地区。另一方面，不同类型的主导产业导致城镇化环境效应差异很大。例如，海南省主要发展农业以及以旅游为主导的第三产业，环境污染在全国最少；相反，东北地区、山西省属于资源型城镇化地区，其污染问题在全国最为集中和显著。

三是现阶段中国城镇化规模与环境负效应呈正相关关系。从城镇化的全国空间格局看，东部沿海地区的环渤海、长三角、珠三角是全国城镇化率最高、城镇规模最大的地区；北部湾城市群、成渝经济圈、关中－天水城市带是西部地区城镇化率较高、城镇规模较大的区域。与城镇规模相对应的是，这些地区也是全国环境污染物排放量最为密集的地区。

四是长期以来以高消耗、高排放、高扩张为特征的粗放型非绿色城镇化模式，进一步加大了中国长期以来累积的资源供需压力和生态环境压力，加剧了资源与环境的双重约束，不利于城镇人口、经济、社会和资源环境的协调发展，与科学发展要求背道而驰。在倡导生态文明、低碳发展和绿色繁荣的时代背景下，这种传统的城镇化模式亟待转型。

第六章 中国城镇化环境效应的 计量检验

根据城镇化环境效应机理、国际实证计量经验以及 Cobb-Douglas 生产函数基础模型，建立城镇化环境机理和驼峰效应的计量回归模型，检验城镇化环境效应驱动力因子的作用力以及城镇化环境驼峰效应的存在性。结果显示，在计量分析上，城镇化环境效应 D－M－E 机理模型和环境驼峰效应假说在中国得到基本验证。当然，本章计量检验只是为城镇化环境效应的理论研究提供基于中国案例的证据，在模型设计和指标拟定上还有很大改进空间。

一 回归计量模型设定

在城镇化环境效应 D－M－E 机理模型和环境驼峰效应假说的理论分析框架下，结合国际研究的经典案例及计量经验，设计计量回归模型，其中包括对环境驱动力进行论证的环境机理计量模型和环境驼峰效应回归模型。

（一） 环境效应机理计量模型

由于环境效应具有综合性、扩散性等基本属性，较难从数据上对广义上的环境效应做准确的测度。因此，从数据模拟回归的可行性角度，主要考察狭义的环境效应，即环境污染在城镇化进程中受到的影响与变化，而将资源消耗作为要素投入引入。一般地，可以将排放的污染物称作"坏"产出或"不合意"产出（Undesirable Outputs），它是正常产出或称作"合意"产出（Desirable Outputs）的副产品①，并且可以表示为：

$$V(x) = \{(y,p): x \text{ 投入产出 } y \text{ 和 } p, x \in R_+^N\} \qquad (6-1)$$

其中，$V(x)$ 为 N 种要素投入的正常产出 y 和"坏"产出 p 的集合，且具有如下性质。

（1）若 $(y, p) \in V(x)$，且 $0 \leqslant \theta \leqslant 1$，则 $(\theta y, \theta p) \in V(x)$。其含义如下：需要增加投入以减少环境污染，增加的环境投入会导致正常产出的投入减少，正常产出从而减少。这表明，在一定的技术条件下，"坏"产出与正常产出具有单调的同增同减关系。

（2）若 $(y, p) \in V(x)$，且 $y' < y$，则 $(y', p) \in V(x)$。其含义如下：在"坏"产出规模相同的条件下，正常产出规模可大可小。这表明，不同知识水平下的环境管制，例如技术水平、消费理念、生产模式等对环境污染具有较强的影响作用。

（3）若 $(y, p) \in V(x)$，且 $p = 0$，则 $y = 0$。其含义如下：只要存在正常产出，就一定有"坏"产出行为发生，即在满足人类对产出需求的同时，环境负效应不可避免。

（4）若 $x' > x$，则 $v'(x) \supseteq V(x)$。其含义如下：带来正常产出和"坏"产出的要素具有自由可处置性，包括要素投入数量、投入结构等的自由选择。

可见，环境污染取决于正常产品的产出水平（要素的投入规模）以及环境管制（要素的投入结构）。其中，正常产品的产出水平包括产出规模和产出结构，进一步取决于人们的消费需求，例如对资源性产品的高需求往往会带来高污染；同时，技术投入、资金投入和物质投入的结构在很大程度上也影响着环境管制效果。

进一步，采用 Cobb-Douglas 地区生产函数 $Y_{it} = A_{it} K_{it}^\alpha L_{it}^\beta$ 为基础模型，同时引入城镇化因素，则可以将生产函数改写成：

$$Y_{it} = A_{it}(e^{u1} K)_{it}^\alpha (e^{u2} L)_{it}^\beta \qquad (6-2)$$

---

① Fare R. S. et al. 2007：Environmental Production Functions and Environmental Directional Distance Functions, *Energy*, No. 32；涂正革：《环境、资源与工业增长的协调性》，《经济研究》2008 年第 2 期。

根据 V 的性质，"坏"产品是正常产品的函数，"坏"产品的产出数量和结构取决于人们的消费需求以及投入要素的结构，于是可以得到以下函数：

$$P_{it} = F(Y_{it}) = f(A_{it}, e^{u2} K_{it}^{\alpha}, e^{u2} L_{it}^{\beta}) \qquad (6-3)$$

为了考察城镇化对"坏"产出的影响，需要充分考虑基于城镇化进程的各种要素投入。为此，根据城镇化环境效应机理，进一步对技术、资本投入和劳动力投入进行分解或转换。

首先，对技术变量进行城镇化分解。根据正常产品和"坏"产品关系性质（2），环境管制主要取决于技术水平、消费理念和生产模式等。在城镇化进程中，集聚有利于知识积累，从而促进技术进步和现代化绿色循环低碳的生产模式，并且有利于消费升级特别是扩大对环境福利的需求；同时，集聚有利于污染的综合治理，因此将城镇集聚度（$Agg.$）作为技术变量引入。另外，全社会的知识积累直接体现在劳动力受教育水平（$Edu.$）上，因此将教育水平引入技术变量。于是技术解释变量可以分解表示为：

$$\mathrm{Ln}A_{it} = \mathrm{Ln}(A_{it})_{Agg.} + \mathrm{Ln}(A_{it})_{Edu.}$$

其次，对资本投入变量进行城镇化转换。一般地，生产函数中的资本投入是指资金、设备、场地、材料等物质资源投入。显然，土地是城镇化进程中主要消耗的自然资源，因此以城镇土地规模（$L_{Urb.}$）来表示城镇化的资本投入，于是将 $e^{u1} K_{it}$ 直接转换成 $(L_{it})_{Urb.}$。

最后，对劳动投入变量进行城镇化转换。一般地，在全社会总产出的生产函数中，$\mathrm{Ln}L_{it} = \mathrm{Ln}(L_{it})_{Agr.} + \mathrm{Ln}(L_{it})_{Sec.} + \mathrm{Ln}(L_{it})_{Ter.}$，即劳动力投入应该包括第一、第二和第三产业的总体劳动力投入。但是，根据城镇化进程中产业结构对环境效应的作用机理，城镇化劳动力投入与"坏"产出的关系，实质上可以直接转化成第二产业就业人员数与"坏"产出的关系；为了考察产业演变的环境变化，只需引入第二产业劳动力投入量，于是将 $e^{u2} L_{it}^{\beta}$ 以 $(L_{it})_{Sec.}$ 来代表。综上，对经过城镇化转换后"坏"产出函数进行取对数展开可以得到：

$$\mathrm{Ln}P_{it} = b_i + b_t + \gamma_1 \mathrm{Ln}(A_{it})_{Agg.} + \gamma_2 \mathrm{Ln}(A_{it})_{Edu.} +$$
$$\gamma_3 \mathrm{Ln}(L_{it})_{Urb.} + \gamma_4 \mathrm{Ln}(L_{it})_{Sec.} + \varepsilon_{it} \qquad (6-4)$$

（二）环境驼峰效应计量模型

借鉴环境库兹涅茨曲线假说及其实证研究模型，为了考察自变量与被解释变量之间的曲线变化关系，对自变量设置多次项。[①] 再者，根据城镇化环境驼峰效应的分析，城镇化进程中的环境牺牲变化为倒 U 形曲线，因此只需增加并设置城镇化率的二次项即可，于是得到城镇化环境驼峰效应的对数线性模型为：

$$\mathrm{Ln}E_{it} = \alpha_i + \alpha_t + \beta_1 \mathrm{Ln}U_{it} + \beta_2 (\mathrm{Ln}U_{it})^2 + \varepsilon_{it} \qquad (6-5)$$

其中，E_{it} 表示 i 地区第 t 年的环境效应，U_{it} 表示 i 地区第 t 年的城镇化率，α_i 为样本（地区）的个体差异，α_t 为时间效应，β_1 和 β_2 均为估计参数，ε_{it} 为随机误差项。

该模型曲线隐含以下性质，若模型通过计量回归显著性检验且：

① 当 $\beta_2 > 0$，城镇化率与环境质量之间呈正 U 形曲线，城镇化环境驼峰效应得不到实证检验；$\beta_2 < 0$，城镇化率与环境质量之间为倒 U 形曲线，城镇化环境驼峰效应得到实证检验；

② 当 $\beta_2 = 0$，$\beta_2 \neq 0$ 时，城镇化率与环境质量之间为直线关系。

③ 满足①、②的前提是所选取样本的城镇化水平存在显著差异，即要求有处于城镇化初期、中期和后期不同阶段的样本量。

值得补充说明的是，由于城镇化环境驼峰效应是根据城镇化环境效应机理模型推导而来的，因此在实证检验中，如果城镇化环境效应机理的回归检验未通过，则城镇化环境驼峰效应即使得到数据上的计量，其检验也无实际意义。

[①] Bandyopadhyay S. N., 1992: *Economic Growth and Environmental Quality*: *Time Series and Cross-country Evidence*, Washington DC: The World Bank; Selden T. M. and Song D. Q., 1994: Environmental Quality and Development: Is There a Kuznets Curve for Air Pollution Estimate, *Journal of Environmental Economics and Management*, Vol. 27, No. 2; Torras M. and Boyce J. K., 1998: Income, Inequality and Pollution: A Reassessment of the Environmental Kuznets Curve, *Ecological Economics*, Vol. 25, No. 2.

二　指标选择和估计方法

基于数据的可获得性、强表征性等角度来考虑选择模型的主要替代指标。根据计量回归的基本要求，估计时尽可能减少数据处理产生的误差。

（一）替代指标与数据说明

一是被解释变量。从环境污染的人均量和总量上对地区环境的影响上看，由于人均污染排放量计入了农村人口数量，所以用污染排放总量更能反映一个地区的环境污染程度。因此，这里分别选择废水（Waste Water，WW）排放总量、烟尘（Soot）排放总量和二氧化硫（SO_2）排放总量作为被解释变量以反映环境牺牲。

二是解释变量。首先，考虑到城市要素集聚的本质是人类从事生产和生活活动在城镇地区的集聚，因此用城市人口密度（Urban Population Density，UPD）代表城市要素集聚度，以期反映城市人类活动的集聚度，该指标由该地区人口总量（包括城区户籍人口和暂住人口）与城区面积之比计算得到。其次，选用地区人均教育经费支出（Per Capita Educational Expenditure，PCEE）反映技术进步，以期区分样本之间的教育支出差距，该指标由地区教育经费总支出与地区年末人口数之比计算得到。再次，用建成区面积（Area of Built District，ABD）表示城镇规模大小，包括城市行政区内已成片的开发建设、市政公用设施和公共设施基本具备的区域，该指标可以直接从国家统计局得到。最后，选用第二产业就业人员数量占三次产业就业人员总数之比（Secondary Industry Labor Proportion，SILP）反映产业结构。

根据城镇化环境效应理论及驼峰效应假说的理论分析，可以大致预期各指标的系数值符号，具体地：城镇化率二次方系数值应该为负，即环境牺牲呈倒 U 形变化趋势；第二产业指标的系数为正，表明工业比重越大污染排放越多；反映城市集聚度的人口密度指标的系数为负，表明要素的环境正效应作用；反映知识积累的教育经费支出指标的系数为负，表明知识积累总体上有益于遏制环境牺牲（见表6-1）。

表6-1　城镇化环境效应计量模型变量及解释

名称	替代指标	预期系数符号	含义
被解释变量 （污染效应）	废水（WW）	——	水体污染
	烟尘（Soot）	——	大气污染
	二氧化硫（SO_2）	——	大气污染
驼峰效应 解释变量	城镇化率一次方（U）	——	
	城镇化率二次方（U^2）	（－）	环境牺牲呈倒U形变化
环境效应机制 解释变量	城市人口密度（UPD）	（－）	要素集聚有利于污染控制
	人均教育经费支出（PCEE）	（－）	知识积累有利于环境改善
	城市建成区面积（ABD）	（＋）	城镇规模增加会损耗环境
	第二产业从业人员占比（SILP）	（＋）	第二产业对环境的损耗大

三是样本和数据来源。由于近年来统计口径变化或统计数据的获得有限，这里的样本选择的是1998~2011年中国大陆30个省区市；其中，由于西藏数据缺失较多，未引入模型检验中。原始数据来源于《中国统计年鉴》（历年）、《中国能源统计年鉴》（历年）、《中国环境年鉴》（历年）、《新中国五十年统计资料汇编》、《新中国五十五年统计资料汇编》、《新中国六十年统计资料汇编》、《中国区域经济统计年鉴》。对于少部分缺失的数据，例如2011年第二产业从业人员占比等，通过缺失省区的年度统计年鉴获得，个别仍然有缺失的数据根据数据特征并通过样本平稳性检验，采取中值或者期望最大值法进行估计值插补。

（二）估计方法

为了尽可能提高实证检验的准确性，在做面板数据回归之前根据现有数据条件，做两个方面的检验准备工作。一是基于时间序列的格兰杰（Granger）因果检验，目的是从统计数理上观察城镇化和环境效应（污染指标）之间是否具有约束条件下的因果关系，观察城镇化是否污染排放量变化的驱动因子。如果通过检验发现城镇化是污染排放的格兰杰原因，就可以在数理上支撑环境驼峰效应的机理回归模型式（6-5）的可行性。

二是对环境污染指标进行空间自相关性检验，目的是从空间统计上观察地区之间的污染排放是否具有相关性。因为从现状看，我国一些城市群区域是跨行政区划的，有的跨市级行政区划，有的跨省级行政区划，这种高集聚的城镇化地区很有可能由于产业结构相关或趋同等因素导致污染排放指标的强空间自相关。因此，主要选择省级行政区划作为面板单元，如果污染指数空间不相关或者相关度很小，就进一步保证了面板数据回归的可信度。

同时，面板数据的计量回归经常由于内生性问题导致伪回归等。这里计量模型的潜在风险在于：一是城镇化进程驱动环境质量变化的复杂性将有可能导致模型设计存在一定缺陷，特别是没有引进环境效应的干扰项变量；二是解释变量之间也会存在一定的自相关性。为此，回归之前要分别对各组计量模型形式进行固定效应（Fixed Effects）显著性检验和豪斯曼（Hausman）检验，以确定模型检验适用形式；在此基础上，再通过最小二乘法对方程进行估计并对残差进行单位根检验，最终选取稳定性较好、显著性较强的适用模型。

三　计量回归结果分析

在对城镇化率和污染指标之间进行 Granger 检验以及污染指标的空间自相关检验的基础上，重点对 1998～2011 年的省域面板数据进行环境效应机理和驼峰效应的回归分析。

（一）基于时间序列的 Granger 因果检验结果

因为 Granger 因果检验需要数据平稳或具有协整关系。因此在检验中，首先，通过单位根检验法检验原始数据是否平稳，如果不平稳则进行差分处理，如果两组时间序列数据同阶平稳则再进行格兰杰检验（为防止过多差分导致数据变化失真，这里最多只进行二次差分）；如果进行差分后仍然不平稳，则进行协整关系检验。其次，如果两组变量满足以上平稳条件或协整条件（平稳优先于协整关系检验），则进行 Granger 因果检验（均采取滞后 2 期），否则放弃检验。检验结果发现，城镇化是废水、烟尘排放的格兰杰原因，城镇化变迁与二氧化硫排放之间具有协整关系，且二氧化硫排放绝对不是城镇化的格兰杰原因。因此，中国城镇化是污染排放的格兰杰原因，可以在数理上支撑城镇化环境效应的模型回归。

（二）污染指数的空间自相关性检验结果

空间自相关检验的目的是考察样本变量在空间样点之间是否具有相关性，如果具有较强相关性，其回归检验结果往往可信度较低。对于环境效应，基于其基本属性分析，环境效应具有可扩散性，因而从理论上看，较短距离地区之间的环境效应有很强的相关性；尤其是高度城镇化地区，如果以地级市行政区划为空间地域单元，产业结构和城镇规模的区域趋同很有可能导致环境效应比如污染指数空间上的自相关。因此，为了避免由于城镇化特征的空间集聚性（例如环渤海、珠三角、长三角地区高度集聚城镇化，其污染指数有可能具有高度相关性）带来污染指数的空间自相关，这里选取以省际行政区划为地域单元的面板数据来进行计量回归分析，并且对其空间相关性进行进一步的检验。在观察方法上，常通过计算 Moran's I 指数[1][2]来描述空间相关性，在定义上，假设有 n 个地域单元，第 i 个地域上的观测值为 x_i，所有观测变量的均值为 $\bar{x}$，则 Moran 指数可以记作：

$$I = \frac{n}{\sum_{i=1}^{n}(x_i - x)^2} \cdot \frac{\sum_{i=1}^{n}\sum_{j=1}^{n}W_{ij}(x_i - \bar{x})(x_j - \bar{x})}{\sum_{i=1}^{n}\sum_{j=1}^{n}W_{ij}}$$

上式中的 W_{ij} 为邻接矩阵，其含义是：

$$W_{ij}\begin{cases}1, A_j \text{和} A_i \text{共享边界} \\ 0, \text{其他}\end{cases}$$

① Moran P. A. P. , 1948: The Interpretation of Statistical Maps, *Journal of the Royal Statistical Society* (*Series B*), Vol. 10, No. 2; Moran P. A. P. , 1950: Notes on Continuous Stochastc Phenomena, *Biometrika*, No. 37.
② 王远飞、何洪林：《空间数据分析方法》，科学出版社，2007。

在判定标准上，Moran's Ⅰ 的范围是（－1，1），如果空间不相关，则值接近于 0，当值为负数时表示负相关，相反则表示正相关。这里，根据 ArcGIS 软件对 1998~2011 年省区的二氧化硫、废水和烟尘的数据进行分别检验。结果发现，各年度每个指标值均较为显著地通过检验，即省区单元上的环境污染指数在空间上并不具有相关集聚关系。

（三）环境效应回归估计结果及分析

根据上述介绍方法，通过 Eviews 6.0 软件对面板数据模型进行回归检验，其中采用最小二乘法，回归方程通过 Whitie 检验排除了异方差性。

1. 环境效应机理的回归检验

根据式（6-4）基础模型选取指标，则实际回归检验模型为式（6-6），设定不同的固定效应模型进行检验，最终输出检验显著性结果最好的模型检验结果（见表 6-2）。

$$\text{Ln}(WW/Soot/SO_2)_{it} = b_i + b_t + \gamma_1 \text{Ln}(UPD_{it})_{Agg.} + \gamma_2 \text{Ln}(PCEE_{it})_{Edu.} +$$
$$\gamma_3 \text{Ln}(ABD_{it})_{Urb.} + \gamma_4 \text{Ln}(SILP_{it})_{sec.} + \varepsilon_{it} \qquad (6-6)$$

根据表 6-2，有以下几点解析。

一是反映城镇集聚水平的人口密度项的系数基本为负值，除了废水的时期加权固定效应回归为正值。基本上反映了随着人口密度的提高，污染排放减少的基本趋势。废水排放的回归模型检验中系数为正值，在一定程度上或表明现阶段中国城镇化由于过度集聚造成城镇化环境负效应现象。值得注意的是，系数值均较小，这在一定程度上说明，现阶段中国城镇化对资源节约和污染集中治理的集聚效应的作用力尚较弱，有待进一步加强。

二是反映知识积累的教育投入项的系数值基本为负值，除了个别正值外。这表明，与人力资本、技术进步、先进的制度和管理等有关的教育投入量的增大总体上有利于减少污染排放。同样，由于检验方法设置的差异，废水排放回归中出现系数为正值，但也不排除在短期内因技术进步而导致污染排放波动增加的可能性。在烟尘和二氧化硫的回归中，系数值相对较大，这说明教育投入的增加对这两类污染物排放的减少具有

表6-2 中国城镇化影响环境质量的作用因子计量回归结果

变量名称	废水（WW）		烟尘（Soot）		二氧化硫（SO₂）	
	截面和时期双固定效应模型（不加权）	时期固定效应模型（时期加权）	混合模型（时期加权）	时期固定效应模型（时期加权）	混合模型（不加权）	时期固定效应模型（时期加权）
C	9.511876*** (24.83914)	5.365597*** (14.45479)	—	4.176660*** (6.429705)	—	3.294215*** (4.467789)
UPD	-0.022870** (-2.271023)	0.069372*** (2.652944)	-0.110238*** (-2.731523)	-0.228269*** (-4.990098)	-0.095800** (-2.118067)	-0.159751*** (-3.052915)
$PCEE$	0.041265* (0.886461)	-0.197385*** (-3.685763)	-0.527691*** (-8.424954)	-1.034721*** (-10.40807)	-0.405070*** (-5.953608)	-0.938815*** (-8.568381)
ABD	0.202216*** (4.779714)	0.902334*** (30.89561)	0.978662*** (21.26872)	0.784354*** (14.23074)	0.898099*** (17.56716)	0.791943*** (13.10768)
$SILP$	0.2208988*** (3.655847)	0.353363*** (5.350009)	0.233097** (2.003572)	0.644173*** (5.015117)	0.373509*** (2.962911)	0.806716** (5.801537)
R^2	0.985535	0.962221	0.602221	0.654533	0.532785	0.602050
观测数	420	420	420	420	420	420

说明：***、**、* 分别表示在1%、5%和10%的水平上显著；括号中数值为估计系数的t统计量。

很强的驱动作用。

三是反映城镇规模的建成区面积项的系数值为正且较大。这说明，现阶段随着城镇规模的增加，污染排放量显著增长。显然，过去传统粗放型的城镇化模式是建立在高排放基础之上的，具有鲜明的发展中大国的特征。城镇土地规模的过度扩张不利于集聚效应发挥，同时造成污染大面积扩散。可见，城镇规模的过度扩张显然是不利于环境质量改善的。

四是反映二次产业结构的第二产业从业人员比重项的系数值为正。这说明，受技术水平制约，现阶段中国城镇化进程中工业和建筑业的较高比重导致污染排放的增加。特别是中国的粗放型工业化特征较为显著，建立在资源高消耗基础上的资源型和重化工业的大规模增长势必导致大量的污染物排放，从而影响环境质量。由此可见，现阶段城镇化进程中对环境影响的产业结构作用力为负，产业升级任务重、压力大。

2. 环境驼峰效应的回归检验

格兰杰因果检验结果表明，从数理上城镇化是环境效应的驱动力。需要说明的是，式（6-4）基础回归模型只是为了考察城镇化进程中的环境效应变化趋势，而且模型依赖于环境效应检验的结果，如果环境效应不通过检验，则仅从数理上对环境驼峰效应进行检验并无实际意义。根据式（6-6）回归模型检验结果，环境效应机理在中国案例中得到验证。为了更全面地检验环境驼峰效应，这里进一步设计两个实际回归模型：一是模型Ⅰ，如式（6-7）所示，直接根据国际研究的经验模型，设置城镇化率的二次型，被解释变量为环境效应机理回归模型中的被解释变量；二是模型Ⅱ，如式（6-8）所示，将环境效应的主要驱动因子作为控制变量引入式（6-7）的模型。应该说，模型Ⅱ解释变量之间有一定的内生性，特别是城镇化率与各驱动因子之间具有相关关系，在实际检验通过 White-period 对模型进行必要的检验设计。根据模型的固定效应（Fixed Effects）显著性检验和豪斯曼（Hausman）检验发现，两组回归模型均不适用于随机或固定效应检验，因此检验中对随机和固定效应选择不做选择设定，通过检验比较发现各组模型均采用混合的截面加权法效果较为显著，其回归结果如表6-3所示。

$$模型 I : \mathrm{Ln}(WW/Soot/SO_2)_{it} = \alpha_i \alpha_t + \beta_1 \mathrm{Ln}U_{it} + \beta_2(\mathrm{Ln}U_{it})^2 + \varepsilon_{it} \tag{6-7}$$

$$模型 II : \mathrm{Ln}(WW/Soot/SO_2)_{it} = \alpha_i + \alpha_t + \beta_1 \mathrm{Ln}U_{it} + \beta_2(\mathrm{Ln}U_{it})^2 +$$

$$\gamma_1 \mathrm{Ln}(UPD_{it})_{Agg.} + \gamma_2 \mathrm{Ln}(PCEE_{it})_{Edu.} +$$

$$\gamma_3 \mathrm{Ln}(ABD_{it})_{Urb.} + \gamma_4 \mathrm{Ln}(SILP_{it})_{sec.} + \varepsilon_{it} \tag{6-8}$$

表 6 – 3   中国城镇化环境驼峰效应（环境质量变化趋势）的计量回归结果

变量名称	废水（WW）		烟尘（Soot）		二氧化硫（SO₂）	
	模型 I	模型 II	模型 I	模型 II	模型 I	模型 II
U	5.645394*** (96.48918)	2.594452*** (29.66389)	2.035869*** (40.13494)	0.648665*** (4.243827)	2.071360*** (41.70018)	-0.871363*** (-6.409795)
U²	-0.675975*** (-44.09929)	-0.428700*** (-33.16607)	-0.326702*** (-24.39124)	-0.154413*** (-7.661470)	-0.277722*** (-21.44287)	-0.067899*** (-3.364712)
R²	0.996447	0.997652	0.958050	0.937033	0.965417	0.974545
观测数	420	420	420	420	420	420

说明：***、**、*分别表示在 1%、5% 和 10% 的水平上显著；括号中数值为估计系数的 t 统计量。

根据表 6 – 3，可以发现不同回归方程的检验结果趋于一致，即城镇化率二次项系数值均为负数，从数理上说明在中国存在城镇化的环境驼峰效应，即中国城镇化对环境质量的影响呈倒 U 形变化。城镇化进程驱动环境变化具有显著的阶段性特征：在城镇化的初期阶段，环境污染排放持续增加，环境质量趋于恶化，经过最高拐点后，随着城镇化的进一步推进，污染物排放开始减少，环境质量随之改善。这与城镇化环境效应的现状分析有诸多吻合之处，例如，北京、天津、上海等东部沿海高水平城镇化地区的能源消耗强度小、环境建设能力强、资源消耗集约度高；而西部相对落后的省（市）区正好相反。很明显，在城镇化的初期阶段，技术水平相对较低，产业层次不高，经济发展还处于低水平阶段，人口在城镇地区集中带来的环境正效应不明显，此时资源消耗大、污染严重；随着城镇化的深化推进，经济发展水平不断提高，产业结构趋于优化，技术不断革新，环境建设能力增强，污染排放随之减少，环境质量趋于改善。另外，从模型 I 和模型 II 的 R² 值比较上看，前者整个模型的显著性检验相对后者较差，这进一步说明，简单的数理上的曲线模拟并不具有理论意义，模型Ⅱ之所以显著性较好是因为加入了环境效应驱动力影响因子作为控制变量，即将环境效应模型加入驼峰效应模型中，从模型的设计上提高了其解释性。

四 本章小结

本章主要在经典模型和国际实证研究经验的基础上，根据城镇化环境效应的理论分析，通过建立计量回归模型对城镇化环境效应机理及其驼峰效应进行验证。主要结论如下。

一是根据中国的数据，城镇化环境效应机理及驼峰效应得到了数理上的实证证据。虽然城镇化对环境效应的各驱动力因子之间具有相互关系，但是在指标选择上应尽可能地选择内生性较小的解释变量，并赋予其特定的经济学含义。另外，在回归分析之前特别做了格兰杰、协整和所选污染指标的空间相关性检验，进一步保证了回归检验的可靠性。对个别异常值，也做了必要解释。总体上可以佐证城镇化环境效应机理及其驼峰效应的理论分析。

二是根据回归结果，大抵能判别中国现阶段驱动环境效应的各驱动力因子对环境效应的作用力大小。首先，知识积累对环境的正效应作用力不强，有待进一步改善。其次，城镇化规模，主要是土地开发建设规模的扩大对环境负效应具有很强的正向作用力。再次，要素在城镇地区集聚发挥的资源集约和污染集中治理的环境正效应作用力较小。最后，工业和建筑业对环境负效应的驱动力较大。四个作用力方向和大小进一步说明，从环境效应角度看，中国城镇化仍然处于第Ⅰ阶段，城镇化进程中环境质量总体上在恶化。

三是由于受数据可获得性制约等因素影响，在回归模型设计、指标选择和计量方法处理的科学性上仍然存在一定的漏洞，应该说还有进一步改进的空间。特别是根据城镇化环境效应机理模型知道，环境变化还受到除了城镇化以外其他许多干扰项的影响，本研究对干扰项未作充分考虑，有一定的缺憾。因此，今后根据研究需要，可进一步改进计量回归模型及其计量运算过程，并加强更多国内外实证案例的比较研究。

　　四是实证检验具有重要的对策含义。要减少城镇化的环境负效应，逐步提高其环境正效应，必须在努力促进经济发展的基础上，提高全社会的环保意识，不断加大环保投入力度，增强环保能力建设，通过技术创新和产业结构优化升级，促进城市发展和城镇化的双重转型。从城市发展转型看，关键是从根本上改变以高增长、高消耗、高排放、高扩张、低效率、不协调为特征的粗放型发展模式，加快向低消耗、低排放、高效率的新型绿色发展模式转变，全面提高城市的发展质量。从城镇化转型看，须尽可能减少城镇化推进的资源和环境代价，全面提高城镇化质量，加快促进城镇化由粗放型向集约型的可持续绿色城镇化转变，即未来中国应走经济发展与生态环境保护有机融合，经济效益、社会效益与环境效益兼顾，经济高效、资源节约、生活舒适、生态良好，具有可持续性的低成本绿色城镇化道路。

第七章　中国城镇化环境效应的
风险预警

　　中国快速城镇化带来了经济的快速增长和人民生活水平的普遍提高，促使生产和生活方式发生了巨大的改变，同时也带来资源的过度消费和严重的生态环境问题，为此环境质量改善面临巨大压力（见图7-1）。中国环境与发展国际合作委员会（CCIECD）和世界自然基金会（WWF）等联合发布的《中国生态足迹报告2010——生态承载、城市与发展》中指出，由于中国的快速城镇化导致生态足迹快速增长，自从20世纪70年代中期以来中国就已经进入生态赤字阶段并且其规模不断扩大。2008年，北京、天津、江苏、浙江、上海、广东、山西、湖南和贵州等高城镇化或资源型地区已经处于生态硬赤字状态，全国其他地区除了内蒙古、新疆、青海和西藏四省（区）生态有盈余，其他地区均处于生态软赤字状态。

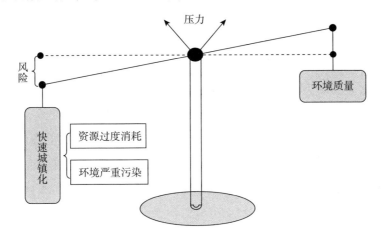

图7-1　现阶段中国城镇化与环境质量的杠杆状态

在理论上，生态环境存在一个驼峰或叫门槛值（Ecological Threshold），达到这一门槛值，生态系统质量、性质或现象就会突发变化，超过门槛值的任何很小的环境负效应驱动都会引起环境的巨大反馈作用。① 为此，研究和防范环境负效应风险对于城镇化环境效应研究来说至关重要。从中国城镇化国情看，可以预见，未来一段时间内中国城镇发展依然处于持续扩张阶段，面临生态足迹快速增长的挑战，人类活动引起的生态环境系统退化和环境质量恶化，即环境负效应的风险不但存在而且在控制和防范不当的情形下很有可能会增大。正是基于此点考虑，本章将以中国城镇化的未来态势为基本面，重点围绕环境效应的基本属性、环境驼峰效应的主要特点，展开对中国城镇化环境效应风险的研究。通过逻辑推演和实证分析，本研究认为中国城镇化环境效应存在负累积、环境牺牲趋高以及城市环境公害三大风险。为此，现阶段需要要做好城镇化的环境风险预警工作。

一 城镇化环境负效应的累积性

城镇化环境效应的累积性包括正效应和负效应两个方面。根据驼峰效应，在城镇化的前期阶段，在一定技术条件下由于增加环境投入会减少正常产出规模，并且这一时期集聚正效应作用处于边际增长阶段，因此环境负效应大于环境正效应。为此，环境负效应的累积性就有可能导致在未来的某一个时段严重制约着城镇化质量。目前，中国城镇化环境负效应累积危害已有许多典型的案例，总结起来主要有三种类型。

一是中国资源型城市发展面临资源减少和环境污染的巨大压力，环境风险大。资源型城市大多数是依赖开发地区自然资源，发展采掘业、工矿业，从而集聚人口建立起城市，或者原先已经建有城市，但随着资源开采和资源加工业的发展，快速带动城市的发展。我国主要的铁矿资源型城市有鞍山、马鞍山、攀枝花、包头等；石油资源型城市有大庆、东营、玉门、克拉玛依等；煤炭资源型城市有鹤岗、抚顺、大同、阳泉、

---

① Groffman P. M. , et al. , Ecological Thresholds: The Key to Successful Environmental Management or An Important Concept with No Practical Application? *Ecosystems*, No. 9, 2006.

淮南、平顶山、六盘水、霍林郭勒等；还有其他如井盐、铜、镍、锡等资源型城市。目前已有一部分城市被国家确定为资源枯竭型城市，充分暴露了过度依赖资源开采与输出的城镇化模式下的环境风险弊端。一般地，随着资源的开采，不断集聚生产和生活活动，工业污染快速增加的同时，由于人口的集聚，生活污染也不断增加，使得地区环境问题尤其是污染非常严重，长期积累下来，对地区的污染形成"黏性"，短期内难以根治（见图7－2）。当然，除了污染之外，城镇化环境负效应还包括由于资源开采带来的地质效应，例如地面塌陷、滑坡、泥石流，以及生态效应如生物多样性减少、生态系统破坏和酸雨频繁等。

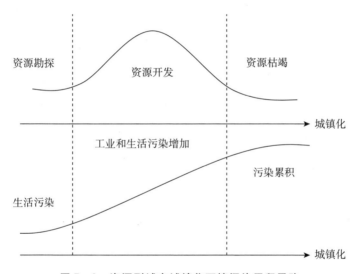

图7－2　资源型城市城镇化环境污染累积风险

二是缺失环境预警的城镇化进程带来江河湖泊污染，污染累积形成"黏性"。由于在城镇化初期，地区环境承载力空间较大，对污染的自我吸收能力较强，人们的环保意识也相对薄弱，因此往往会忽视环境预警以及生态建设与环境保护工作。随着人口不断向城镇地区集中，污染排放增加并累积到一定程度就会引发诸多的环境问题，此时环境基础设施建设滞后、环境管制制度的不健全逐渐暴露出来。现阶段，中国大多数城市内河污染严重甚至整个流域的水质量下降是城镇化环境负效应累积的典型表现。例如，引发云南滇池污染问题的其中一个重要原因是滇池流域地区城镇化的快速推进，排放大量污染，特别是昆明市早期由于污水处理能力有限造成大量未处理污水直接排入滇池湖中。

三是部分集中城镇化地区或城市已经陷入"垃圾围城"。全世界每年产生5亿吨垃圾，中国每年就产生约1.5亿吨，目前中国城市的生活垃圾累积的存量已经达到70亿吨，2015年垃圾年产量超过2亿吨。[①] 国家环保总局的统计显示，估计全国大致有2/3的城市处于"垃圾围城"状态，现阶段中国城市符合环境控制标准的垃圾无公害化处理率尚低，绝大部分有害垃圾直接被排放到城郊等地区。[②] 例如，北京市年产垃圾达到483.4万吨，[③] 济南市的垃圾置点星罗棋布于全市周围，[④] 昆明市的居民生活垃圾逐年递增远远超过现有处理能力。[⑤] 可见，"垃圾围城"已经成为中国城镇化进程中较为严重的城市环境问题，这是环境负效应累积的又一种典型表现。

（一）累积性的逻辑解释

研究环境负效应的累积性，需要遵循环境驼峰效应的基本分析框架，并将生产函数内生到环境效应中去。基于生产函数，由于城镇化进程中各种要素投入（劳动力、资本、技术）持续增加，可令一次生产过程中新增要素投入之前的产出为 $Y1$，要素投入后的产出为 $Y2$，ΔE 为要素投入所带来的城镇化过程环境损失的变化量，即环境损失增量。于是，在 T' 阶段的环境总效应（$E_{T'}$）由环境损失存量（E_T）、环境损失增量（ΔE）、环境损失抵消量（∇E，比如，环境治理、环境建设、环境系统自我吸收等带来的环境正效应）三个部分决定。

$$\Delta E = \int_{Y_1}^{Y_2} U(Y)\, dY \tag{7-1}$$

① 李名迟：《如何破解北京"垃圾围城"难题》，《经济参考报》2011年12月5日第007版。

② 《我国2/3城市已被垃圾包围，污染问题日渐严重》，《经济参考报》，2006年12月14日；《全国近700个城市中2/3处在垃圾包围之中》，《中国新闻周刊》，2010年11月8日。

③ 刘北辰：《城市发展要警惕"垃圾围城"》，《城乡建设》2009年第5期。

④ 马倩倩等：《基于GIS与RS的济南市 垃圾围城的现状调查与对策》，《鲁东大学学报》（自然科学版）2011年第27卷第3期。

⑤ 张继焦、李宇军：《"垃圾围城"与西部城市环境保护的对策》，《云南民族大学学报》（哲学社会科学版）2011年第28卷第5期。

$$E_{T'} = E_T + \Delta E_{T'} - \nabla E_{T'} \qquad (7-2)$$

由于 E_T 是上一城镇化生产周期带来的环境损失，如果把时间 T' 之前的城镇化阶段（$0 - T'$）当作一个连续的时间段 T，则根据式（$7-1$）E_T 可记作：

$$E_T = \sum_{t=0}^{t=T} (\Delta E_t - \nabla E_t) = \int_{Y0}^{Y_T} U(Y)\,dY - \sum_{t=0}^{t=T} \nabla E_t \qquad (7-3)$$

于是，T' 城镇化时期的环境损失可进一步记作：

$$E_{T'} = \int_{Y_0}^{Y_T} U(Y)\,dY - \sum_{t=0}^{t=T} \nabla E_t + \int_{Y_T}^{Y_T} U(Y)\,dY - \nabla E_{t'} = \int_{Y_0}^{Y_T} U(Y)\,dY - \sum_{t=0}^{t=T'} \nabla E_{t'}$$

$$(7-4)$$

显然，T' 城镇化时期的环境效应是由 T 时期积累的环境效应和 $T - T'$ 时期新增的环境效应共同组成的。也就是说，这时期的环境效应将会累积到下一阶段。

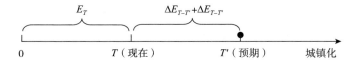

图 7 - 3　不同城镇化阶段的环境效应及其累计

相对于 T' 期，E_T 可看作一个固定常数。这样，最小化环境损失即为最小化新增要素投入带来的环境损失增量（ΔE）和增加环境损失抵消量（∇E）。于是 T' 时期最优的目标函数可以直接转换成：

$$\mathrm{Min}E_{T'} = \mathrm{Min}(E_T + \Delta E - \nabla E) = E_T + \mathrm{Min}\Delta E_{T'} + \mathrm{Max}\nabla E_{T'} \qquad (7-5)$$

由于城镇规模的稳定以及技术进步、集聚经济等因素，环境损失增量（ΔE）同环境损失存量（E_T）一样趋于驼峰状态，同时环境损失抵消量（∇E）随着环保投入增多、环境建设能力的提升将呈上升趋势（见图 7 - 4）。其中，T1 - T2 阶段由于环境减损量较少，即使环境新增损量在减少，环境损失存量也会继续增加，这主要是由于 0 - T1 时期环境损失存量较大导致环境损失处于累积阶段；在 T2 - T3 时期，环境减损量快速增加；到 T3 点，环境正效应作用开始大于环境负效应作用，环境质量进入良性发展阶段。

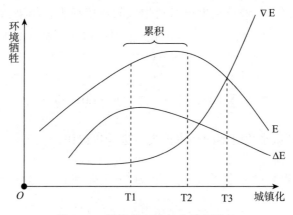

图 7 - 4　城镇化环境效应的累计性

进一步地，通过数据模拟可以检验城镇化环境负效应的累计作用（见表 7 - 1）。按照表中说明的假设条件，如果没有环境正效应作用，到 T6 时期，环境负效应作用会累积到 12 个单位并持续保持一个时段；如果存在环境正效应作用，到 T5、T6 时期，环境牺牲存量达到最大值 6 个单位，到 T7 时期，环境牺牲存量开始减少。显然，环境质量的改善出现在环境驼峰达到峰值之后的城镇化阶段（见图 7 - 5）。

表 7 - 1　环境驼峰效应下的环境负效应累积作用

阶段	时期	环境牺牲增量	环境牺牲的累积 （无正效应作用下）	环境牺牲的累积 （存在正效应作用下）
环境 牺牲递增	T1	1	1	0
	T2	2	3	1
	T3	3	6	3
环境 牺牲递减	T4	3	9	5
	T5	2	11	6
	T6	1	12	6
	T7	0	12	5

说明：（1）环境牺牲增量：按照驼峰效应，假设图 7 - 5 曲线同（+/-）斜率下，即同弹性变化，按照 1 个单位递增和递减。（2）无正效应作用条件下的环境牺牲累积：环境牺牲只叠加，不被抵消。（3）有正效应作用的环境牺牲累积：环境牺牲部分被消除。假设按照 1 个单位消除，虽然环境牺牲在递减，但是环境牺牲的累积作用会存在一个滞后期，即越过驼峰值后，存在一个时段（T5 - T6），环境质量处于恶化停滞期。

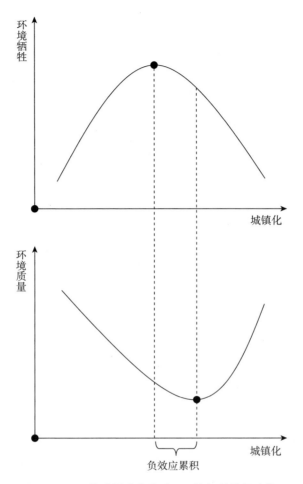

图 7 – 5　环境质量改善滞后于环境牺牲的拐点期

（二）累积性风险的可能性

当前，中国快速城镇化的环境问题及其压力日益凸显，尤其是大气污染、垃圾围城等环境问题已经严重影响到人们的生活质量。[①] 一方面，资源过度开发导致生态系统破坏；另一方面，污染物的大量排放导致环境污染加重，环境承载力（容量）趋于减小，环境累积性风险加剧。虽然城镇化进程中环境正效应趋于增强，但长期以来的中国城镇化环境负

[①] 周宏春、李新：《中国的城市化及其环境可持续性研究》，《南京大学学报》（哲学·人文科学·社会科学）2010 年第 4 期。

效应没有得到有效应对，其累积作用将在短期内使得环境仍然处于一个瓶颈攻坚期。

1. 环境系统损害严重

城镇化进程生态环境系统损害目前主要表现在以下几个方面：一是由于城镇地区大面积的土地开发，建设用地占用耕地、湿地，破坏了原生态系统，减少了生物多样性；二是城市流域或城市的内河、湖泊污染严重，水体污染面大、水质恶化突出，健康水供给受到约束，加大了污水处理难度，大大提高了用水的成本；三是大气质量恶化，尤其是工业城市和大城市，工业有害气体、施工尘埃、汽车尾气以及其他颗粒物浓度较大；四是固体废弃物排放量较大，部分城市生活垃圾无公害化处理率低，垃圾向城郊地区扩散。综上，环境容量急剧减小，生态环境系统自我消化吸收污染物的能力即生态环境承载力降低。

2. 城镇化国土空间约束

根据全国主体功能区规划，从总量上看，排除60%的山地和高原形态的国土面积，目前全国适宜城镇化和工业开发建设的土地面积仅有180多万平方公里，其中包括耕地和已建设用地，因此未来可利用的土地建设面积很少，据估计大约只有28万平方公里，仅占国土面积的3%。显然，土地资源紧缺成为未来制约城镇化进程的重要瓶颈。过去土地城镇化快于人口城镇化，土地利用总体低效的粗放式发展模式在新时期迫切需要转变。分地区看，东部地区总体上开发密度较大，西部地区大多为生态脆弱区、山地地区，不适宜过度开发或开发难度大，相对而言中部地区未来有一定的可开发空间；东北地区属于老工业基地，多为资源型城镇，已经面临或将要面临环境负效应累积危机。

3. 环境事件的不确定性

环境突发事件的不确定性在一定程度上增加了环境负效应的累积性。一方面，由于我国正处于国有经济深化改革和壮大非公有制经济的转型时期，非公有制经济在规章制度和人才建设方面相对滞后，这使得工业生产中的环境不安全因素加大。另一方面，过去过分强调大城市建设，人口数量的增加与城市环保基础设施建设极其不匹配，尤其是管网建设存在老化、布局不合理、疏通不畅等现象，增加了城市环境公害事件，包括污水外泄、城市内涝等。全球气候变化、极端天气以及地震频发等都会增加环境负效应累积作用。从2000～2013年中国的环境污染事故及其损失情况看，总体有两个基本特点：一是虽然事故总次数在减少，但是污染损失不确定甚至在加大；二是传统"三废"污染事故趋于减少，但是其他类别的污染事件次数在增多（见表7-2）。可见，未来环境事件的不确定性仍然较大。

表7-2 中国环境污染事故发生次数及损失（2000～2013年）

年份	环境污染与破坏事故次数	水污染	大气污染	固体废物污染	其他	污染直接经济损失（万元）
2000	2411	1138	864	103	40	17807.9
2001	1842	1096	576	39	51	12272.4
2002	1921	1097	597	109	21	4640.9
2003	1843	1042	654	56	41	3374.9
2004	1441	753	569	47	36	36365.7
2005	1406	693	538	48	64	10515.0
2006	842	482	232	45	77	13471.1
2007	462	178	134	58	85	3277.5
2008	474	198	141	45	90	18185.6
2009	418	116	130	55	115	43354.4
2010	420	135	157	35	89	——
2011	542	——	——	——	——	——
2012	542	——	——	——	——	——
2013	712	——	——	——	——	——

资料来源：《中国统计年鉴》（2001～2014年）。

二 城镇化环境效应的驼峰趋高

根据城镇化环境效应的现状分析，改革开放以来，中国的快速城镇化加速了能源、钢材和水泥等原材料以及土地、水等资源的消耗，且消耗总量仍然继续增加。由于城镇化规模及速度惯性，在现有的社会技术条件下，其环境负效应的驼峰面临高临界值风险（见图7-6）。如果在满足国内消费增长的同时，能够在生产和生活模式上真正走一条集约和低排放的模式，现阶段的环境牺牲就可能成为峰值，但是在开放的市场经济条件下，经济趋利往往会造成较强的环境牺牲外部性问题，同时由于全社会的环保意识依然不高，很难在短期内真正形成全方位的绿色生产和生活方式，因此环境效应驼峰依然存在趋高风险。

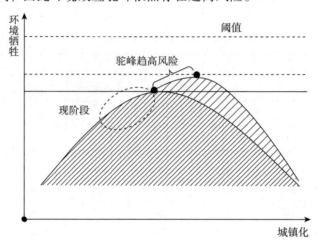

图7-6 中国城镇化环境驼峰效应所处阶段及其趋高风险示意

（一）风险判别方法

风险识别是风险管理的起点。借鉴风险分析的一般方法，通过构建风险识别体系，分析现阶段主要的风险影响因素，对未来城镇化的环境牺牲存在的趋高风险进行识别。

这里，不考虑过去城镇化的环境负效应累积问题，着重从环境效应机理和环境效应的基本属性出发，研究未来环境牺牲的新增量。风险体系可以划分成两个层次。一是目标层，包括资源消耗、废弃物排放和环境损失抵消，如果确定将来资源消耗和废弃物排放引起的环境损失小于环境损失抵消，则无环境风险。实质上，未来发生的事情总是不确定的，因此将可能性划分高、中、低三个层次，这样，环境损失量趋高的风险就对应为高、中、低三种可能性。二是准则层，目标层中的资源消耗对应划分为能源（原材料）、水、土地等，废弃物排放包括废水、废气、固体废弃物等，环境损失抵消主要包括环境治理和环境能力建设两个主要环境投入层面（见图7-7）。这样，通过分析未来中国城镇化进程中环境子系统风险的影响情况，通过综合打分即可以辨识环境牺牲的风险等级。

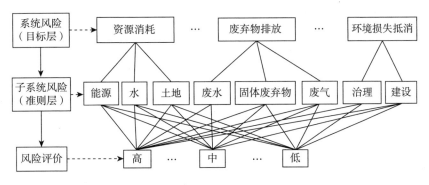

图7-7　环境风险识别体系

（二）风险驱动因子

根据城镇化环境效应机理分析，影响环境系统的主要因素包括四大类，即要素集聚、知识积累、城镇规模递增以及产业结构演进。另外，环境投入作为外生变量起到抵消环境负效应的作用。为此，这里着重分析未来中国城镇化环境效应的主要风险驱动因子。

1. 生态效率总体水平不高

集聚有利于知识积累，知识积累有利于技术进步、管理创新等。为此，可以通过生态效率来刻画中国当前的资源利用和污染排放的技术水平，以期反映城镇化进程中要素集聚和知识积累对环境系统带来的正效应作用。可见，生态效率是充分反映城镇化质量的一个重要指标。从地区发展和社会需求的角度定义，生态效率（Eco-efficiency）是指人们开发利用生态资源以满足自身需求的效率，[①] 根据最优驼峰效应理论，在城镇化进程中，应尽可能用最少的资源消耗与污染排放（环境牺牲）获取尽可能多的效应满足（产出）。

从现阶段研究看，生态效率的测度有比值法、优先结构法、多目标

---

① OECD (Organization for Economic Cooperation and Development), 1998: Eco-efficiency, Report for Paris.

编程法和生态拓扑法这四种主要方法，[①] 其中，由于优先结构法需要对指标权重进行科学设计、多目标编程法一般适用于小案例分析、生态拓扑法涉及较为复杂的测算程序，因此这里采取通俗易懂且较为常用的比值法。比值法的计算公式为：

地区生态效率 = 地区生产总值/（资源消耗 + 三废排放）

构建生态效率的"投入 - 产出"指标体系（见表 7 - 3），根据常用的数据包络分析（Data Envelopment Analysis）方法[②③]进行测算。由于要考察不同城镇化水平下的地区生态效率，为避免可能出现多个评价单元同时处于前沿面最优而无法观测处于同一前沿面上各地区生态效率的差别，根据 CCR 模型思想，采用投入导向的规模报酬不变的超效率 DEA 模型作为测度的使用模型，[④⑤] 通过 Holger Scheel 开发的 EMS1.3.0（Efficiency Measurement System）应用软件平台测算得到 2003 ~ 2012 年中国各地区的生态效率（不含西藏）。

表 7 - 3　生态效率测度指标体系

	分类		进入模型指标
投入	资源消耗	水资源消耗	用水总量
		土地消耗	建成区面积
		能源消耗	能源消费总量
	环境污染	废水排放	废水排放总量、化学需氧量排放
		废气排放	二氧化硫、烟（粉）尘排放量
		固体排放	工业固体废弃物产生量
产出	经济总量		地区生产总值

说明：（1）资料来源：《中国统计年鉴》、《中国环境统计年鉴》、《中国能源统计年鉴》（历年）；（2）由于西藏缺失数据较多，测度中未考虑；（3）生态效率测度指标参考杨斌（2009）。[⑥]

---

① 王妍等：《生态效率研究进展与展望》，《世界林业研究》2009 年第 5 期。

② Charnes A. , et al. , 1978: Measuring Efficiency of Decision Making Units, *European Journal of Operational Research*, No. 2.

③ 吕彬、杨建新：《生态效率方法研究进展与应用》，《生态学报》2006 年第 11 期。

④ 杨斌：《2000 ~ 2006 年中国区域生态效率研究》，《经济地理》2009 年第 7 期。

⑤ 王恩旭、武春友：《基于超效率 DEA 模型的中国省际生态效率时空差异研究》，《管理学报》2011 年第 3 期。

⑥ 杨斌：《2000 ~ 2006 年中国区域生态效率研究》，《经济地理》2009 年第 29 卷第 7 期。

从全国生态效率变化趋势看，2003～2012 年生态效率在 69.19%～76.04%，生态效率水平总体不高且波动较大；与此同时，同期全国城镇化率从 2003 年的 40.53% 提高到 2012 年的 52.57%（见图 7-8）。从省区层面看，各地区的生态效率整体差异很大，2012 年省区生态效率的变差系数达到 0.44，全国生态效率前三位的北京、上海和天津分别为 241.77%、125.04% 和 124.19%，全国生态效率排位靠后的三省份为宁夏、新疆和甘肃，分别为 38.61%、51.38% 和 57.77%。显然，北京、上海和天津的产业结构水平、城镇化水平和现代化水平较高，较少的资源消耗与环境污染成本能得到较多的经济产出。总体上，由于各地区生态效率水平不高，导致按照地区指标加总测算的全国生态效率值也比较低，可以预测，在中国未来城镇化进程中生态效率在短期内很难迅速得到较大提高。

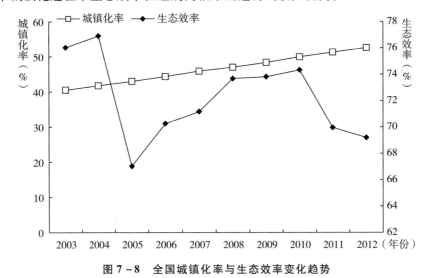

图 7-8　全国城镇化率与生态效率变化趋势

2. 城镇总量规模带来较大环境负效应惯性

从城镇化速度看，如果未来城镇化依旧超过预期速度加快推进，中国将不可避免地面临能源与矿产资源的长期短缺。[①] 实质上，过去城镇化的快速推进，直接导致了城镇总体规模较大，特别是城镇空间规模的膨胀。如果要维持规模巨大的城镇系统，势必要进一步消耗大量的资源能

---

① Shen L., et al., 2005: Urbanization, Sustainability and the Utilization of Energy and Mineral Resources in China, *Cities*, Vol. 22, No. 4.

源以及排放大量的污染物。因此，可以借鉴物理学的基本概念，认为超大规模的城镇体系势必带来较大的环境负效应惯性。

从资源消耗的角度看，未来城镇化进程的资源消耗将进一步扩大。根据《中华人民共和国环境影响评价方法与规划、设计、建设项目实施手册》[①]，按照弹性系数法，资源需求预测的计算公式为：

$$Q = Q_0 (1 + K * N)^t \qquad\qquad (7-6)$$

其中，Q 为资源需求总量；Q_0 为基年资源消耗总量；K 为经济增长速度；N 为资源消耗弹性系数；t 为规划期年限。

以能源消耗为例，以 2010 年为基期，以 2015 年为规划期。能源消费弹性系数由能源消费量年平均增长速度与国民经济年平均增长速度之比计算得到。参照现行技术水平，可计算 2001～2010 年的能源消费弹性系数。根据《中国统计年鉴》数据，2001～2010 年国内生产总值的年均增速为10.5%，同时计算得到同期能源消费（万吨标准煤）的年均增速为 2.1%，从而计算得到能源消费弹性系数为 0.2。2010 年消耗 324939 万吨标准煤，根据国家"十二五"规划，预期未来经济年均增速为 7%。根据式（7-6），就可以保守预计 2015 年能源消耗总量至少在 348331 万吨以上。[②] 另外，根据方创琳（2011）的研究[③]，未来每增加 1 个百分点的城镇化率，对水、土地的消耗也越大。可见，资源消耗总量依然很大。

在技术条件带来的环境正效应边际效率短期内难以提高的情形下，高消耗势必引起高污染。同时，已经形成较大规模的城镇体系虽然存在产业布局不合理、人口分布不协调以及城市基础设施不完善等问题，但是要想在短期内迅速解决这些问题非常困难。诸多大城市环境问题在一定程度上就是因为城市规模过大，使得城市环境治理工作难以开展。

---

① 中华人民共和国环境影响评价方法与规划、设计、建设项目实施手册编委会，全国人大常委会法制工作委员会经济法室：《中华人民共和国环境影响评价方法与规划、设计、建设项目实施手册》，中国环境科学出版社，2002，第 1773 页。

② 国家统计局《2014 年国民经济和社会发展统计公报》初步估计 2014 年能源消费总量为42.6 亿吨标准煤，显然实际能源消费规模比理论预测还要高。

③ 方创琳：《中国城市化进程亚健康的反思与警示》，《现代城市研究》2011 年第 8 期。

3. 城镇经济结构调整需要一个周期

目前，中国正处于经济结构全面调整的重要转型时期。长期以来，中国经济增长依靠资源输出和人口红利，城镇产业结构中"两高一资"（高耗能、高污染和资源性）比重较大。2008 年金融危机以来，我国传统发展模式的弊端逐渐暴露，靠资源输出型的经济发展难以为继。同时，人口老龄化趋势明显，农村剩余劳动力已经到了刘易斯拐点，过去低廉的劳动力优势正在减弱，专业技术人才短缺，迫切需要调整经济结构，特别是要改变过去过度依赖国外市场的外向型经济结构，通过深入推进城镇化，加大城镇建设投资，促进国民消费升级，壮大城镇经济，支撑国家发展。从产业转型看，处于高技术梯度的发达城市需积极发展现代高端产业，处于低技术梯度的后发城市则应该积极发展专业化特色产业。在过去全国城镇化进程中，从全国范围看产业结构低水平重构严重，要全面推动城镇产业结构升级，重新洗牌，任务艰巨，这需要一个过程。为此，发展方式转变对环境正效应作用存在一个滞后期。

4. 环境投入效率有待进一步加强

虽然国家已经把节能环保产业作为战略性新兴产业来推动，但是就目前看，高效节能、现代环保和循环经济应用等领域的关键技术仍然落后，污染的综合治理能力依然有待提高，废弃物资源化技术的产业化进程缓慢。特别是造成我国目前能源消费主要以煤炭为主，大量的煤炭消耗对环境质量改善造成一定压力。因此，需要积极鼓励发展应用绿色清洁能源，通过优化能源消费结构，有效控制污染物和二氧化碳的排放。与此同时，要加强对废弃物的分类处理，对城市生活垃圾，包括废旧金属、废旧电子产品、废旧大宗包装和纺织品、工业废物与污泥等进行分类回收再利用。另外，还需要加强对大气和水质量、城市地质环境进行动态监测。可见，环保工作不能再如过去仅仅通过增加资金投入来治理污染，需要全面加强人、财、物等多方面的投入，以推进环保产业化发展，特别是环保技术要迈上新台阶。

进一步根据风险识别体系和风险因子，可以对 2020 年的风险进预判（见表 7-4）。在能源消费方面，可以预见虽然能源结构将持续优化，但是化石能源依然是主体能源。由于过去城镇化已经开展大规模的土地扩张，未来新增城镇土地开发建设得到收缩。主要污染物排放会由于环境管制而得到控制，但是由于城镇规模总量较大，因此其排放减少量是有限的。短期内，虽然环保投入增加，但是技术进步很难体现到环境正效应上，并且结构调整处于推进阶段。显然，总体上城镇化的环境负效应风险在短期内依然较高，处于风险中级。

表 7 – 4 城镇化环境风险判断（2015 年）

风险因子 / 影响程度	城镇化的环境负效应（总量）						城镇化的环境正效应			
	化石能源	水资源	土地扩张	废水排放	二氧化硫排放	二氧化碳排放	新能源	技术进步	结构调整	环保投入
高	√									√
中		√		√	√	√	√		√	
低			√					√		

三 城市环境公害问题日益严峻

根据环境驼峰效应理论分析，到城镇化后期，如果满足了正常条件下的技术进步、集聚经济效应发挥、城镇规模稳定、产业结构高级化等阶段特征，资源消耗和污染排放引起的环境牺牲将降低。那么是不是走完了城镇化过程，环境系统就自动会恢复到城镇化之前的状态呢？回答自然是否定的。事实上，环境具有不可逆性，那么城镇化后期的城镇系统将处于什么状态？

根据耗散结构理论①②，自然界的演化是一种不可逆的动态过程，人

---

① 耗散结构理论指出：一个开放系统（无论是力学的、物理的、化学的还是生物的乃至经济社会的系统）处在远离平衡态的非线性区域，当系统的某个参数变化到达一定的临界值时，通过涨落，系统发生突变，即非平衡相变，其状态可能从原来的混乱无序的状态转变到一种在时间上、空间上或功能上有序的新状态，这种新的有序结构（耗散结构）需要系统不断地与外界交换物质和能量才能得以维持并保持一定的稳定性，且不会因外界的微小扰动而消失。耗散结构形成的条件：（1）系统必须是开放的；（2）系统必须处于远离平衡态的非线性区；（3）系统内部存在非线性的相互作用或动力学过程；（4）涨落导致有序。
② 邹建国：《耗散结构、等级系统理论与生态系统》，《应用生态学报》1991 年第 2 卷第 2 期；张文龙、余锦龙：《熵及耗散结构理论在产业生态研究中的应用初探》，《社会科学家》2009 年第 2 期。

类对自然的认识也是在这个不可逆中进行的，人类行为不可能脱离这个不可逆过程而去参与任何不可逆过程；同时，一个主体要在自然环境中获得生存和发展，必须通过正负熵的相互作用和抵消来实现，并促进整个系统走向更加有序的新的稳定结构。可见，在城镇化进程中，人类活动就是环境系统从不稳定状态跃迁到一个新的有序状态的驱动力。据此推演，由于城镇化后期城镇规模和城乡人口分布趋于稳定，于是这一阶段城镇系统将进入一个不完全的耗散结构期（见图7-9），之所以不完全，是因为城市依然存在环境公害，城镇系统并非完全是一个新的有序状态。

作为一个开放且复杂的生态系统，城镇地区不断输入资源并排放废弃物，在这一过程中会产生环境问题，主要是由于城镇地区能量和物质的低效率利用以及资源环境超载等。[①] 城市环境公害问题会伴随城镇化进程，如果处理不当，在城镇化中后期会变得更严重。可见，城市环境公害是城镇化环境效应风险的重要组成部分。

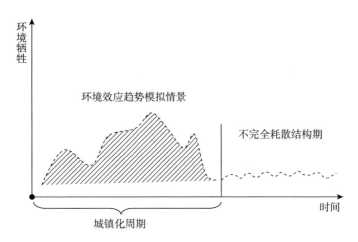

图7-9　城镇化周期后时代的环境效应走向

可见，虽然从资源消耗和污染排放规模及强度看，集聚有利于环境质量的改善。但是，实际上往往由于制度缺陷、发展模式选择不当以及城市管理滞后等诸多制约因素，会出现集聚不效应的情形，城镇地区会

---

① 刘宾：《城市生态经济效益的计量研究》，《数量经济技术经济研究》1994年第8期。

出现一系列新的环境问题。城市环境公害就是由于人口和产业活动的高度集聚带来的新的环境问题，主要发生在大中型城市地区，是城镇化环境问题的一个重要研究部分，目前也越来越受到关注。

（一）五岛效应

现代城市被钢筋水泥的建筑所包围，建筑施工面积居高不下，城市的自然生态系统受到了严重的破坏，生态失衡问题严重，其中"五岛效应"尤为显著，分别指热岛、雨岛、浑浊岛、干岛和湿岛五类城市环境现象。其中，热岛效应的主要原因在于：一是城市地区水泥地连片，建筑体较多，绿化面积较少，白天会吸收太阳光热；二是城市地区的人口密度大，生活和生产活动消耗的能源强度大，排放大量温室气体；三是城市建筑丘陵化不利于城市地区与郊区的气流交换，一方面城外的冷风很难进入，另一方面城市的热量难于散发（见图 7-10），由此，造成城市比郊区要热的现象。热岛效应的危害体现在夏季，气温过高会引发人体各种不适，提高一些疾病的发病率；高温会引发一些物质的化学变化，产生有害气体等。浑浊岛效应主要是由于城市机动车尾气排放、城市工程建设、城市化石能源集中大量消耗排放烟尘等造成城市空气浑浊，减少太阳直接辐射。因为热岛效应和浑浊岛效应，造成城市气流运动在局部范围内发生改变，随着小区域气象条件的变化，很容易进一步诱发形成雨岛、干岛或湿岛等环境效应。

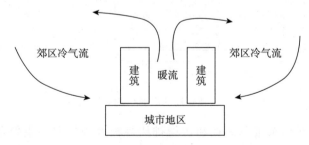

图 7-10　城市热岛效应

（二）城市内涝

城市内涝主要是指降雨后在城市地区形成不同程度的积水现象。城市内涝的原因主要有三个方面：一是强降水和连续降水超过城市排水承载能力；二是城市地表水泥地化造成渗水能力差；三是城市建设规划存在不科学现象。总体来说，城市内涝的人为因素大于自然因素。由于城市洪涝风险预警管理滞后、城市规划布局不超前、施工建设质量存在隐患、城市应急体系不完善，降水过程中很容易出现交通路面、立交桥桥底、地下通道等低洼处长时间积水，甚者出现"城市海景"现象。目前，中国城市内涝非常普遍并且发生率高。

（三）地面下沉

地面下沉是城镇化进程中引起的一种地学效应，主要发生在城镇化集中连片区和资源（固体矿产、石油、天然气等）开采型城市。根据2012年我国第一部地面沉降防治规划《2011年—2020年全国地面沉降防治规划》，目前地面下沉现象主要出现在北京、天津、河北、山西及内蒙古等20多个省区市，集中分布于华北平原、汾渭盆地和长三角地区，已有超过50多个城市遭遇地面下沉灾害，主要原因是地下水和矿产资源的大量开采。城市地面下沉除了损害地面建筑物和设施之外，还会威胁人身安全，而且破坏地质环境不利于地区可持续建设和发展。沿海地区城市地面下沉还会导致海水倒灌，进一步改变地质环境，例如土质盐碱化等。

（四）光污染

光污染是现代文明的产物，尤其在城市地区普遍存在，包括城市室内室外照明、计算机（电视）荧屏、纸张、建筑墙体、广告白、打印复印激光等带来的光辐射对人体尤其是眼球、面部的刺激。有研究指出，光污染不亚于城市水体、大气和噪声污染给人们带来的威胁，光污染会导致城市交通事故增加、破坏生态系统、给生活增添麻烦并浪费能源等[①]，对人体轻则造成疲劳、头晕，重则伤害瞳孔和面部皮肤。另外，大城市建筑群体及其附属物会产生反光，光污染在城市地区发生率较高。但是，目前人们对光污染的环境问题意识还不够，许多建筑施工也缺乏

---

① 张式军：《光污染———一种新的环境污染》，《城市问题》2004年第6期。

光污染风险评价。

（五）强辐射

在物理学中，辐射是指超过一定临界值温度的物体向外辐射能量，因此实质上辐射无处不在，相对弱的辐射环境对人体不会造成危害。但是，随着科技进步，人们消费需求的升级，城市辐射源较多，会形成较强的辐射环境。一是日常生活的电子化带来的电磁波辐射，如家用电子、办公设备、通信设备的电子化，包括电视机、电冰箱、空调、微波炉、电磁炉、吸尘器、电脑、手机、复印打印机、高压线、信号发射塔等都会向外辐射。二是建体材料，如复合板、化石墙体、涂料、大理石等因含有放射物都具有辐射。三是矿产资源的开发，造成地质放射性物质外漏，引起强辐射。四是核辐射威胁，核能能够有效缓解城镇化能源消耗压力，但如果安全保障不足，盲目开发核能会增加核辐射危险。强辐射环境会对人体带来诸多慢性危害，包括神经系统、心血管系统、内分泌系统等，增加各种疾病的发病率或者使病情恶化。可见，强辐射环境与现代城市文明分不开，应警惕防范。

（六）噪声污染

从危害他人的角度，只要影响到人的正常生活或生产的一切声音都属于噪声。城镇化进程中的环境噪声包括工厂生产、交通、建筑施工、社会生活等多方面。城市区域生产和生活活动集聚，噪声污染不可避免。虽然一次噪声污染不具有累积性且通常是偶发的，但是城市噪声的扩大是城市规模扩大带来的。同样，从病理上，噪声除了最直接地影响人的听力之外，长期在噪声污染环境下人的中枢神经会受到影响，诱发神经衰弱等，增加高血压、冠心病等疾病的发病率。

虽然大城市的环境污染问题会随着城市经济的发展、政府职能的转变和城市布局的优化而最终得到有效解决[①]，但是城市五岛效应、城市内涝、地面下沉、光污染、强辐射、噪声污染等环境公害多具有不可逆性，

---

① 肖金成：《简论中国人口、经济和环境之间的关系》，《当代经济》2009 年第 11 期（上）。

相比传统的"三废"污染问题，处理起来更为复杂和艰巨，且更为隐蔽，应当引起重视。

综上分析，中国城镇化环境效应面临负效应累积风险、环境牺牲趋高风险以及城市环境公害风险。为此，要加强对城镇化引起的生态系统退化与环境质量恶化问题进行各类预警工作，包括环境影响强度和积量、环境质量现状、环境标准、环境容量、环境响应等。

四 本章小结

城镇化环境效应研究的目的最终在于应用到城镇化实践中即解决环境问题的需要，本章正是基于此点认识，围绕城镇化环境驼峰效应和环境负效应以及后城镇化时代的潜在环境问题展开环境风险的预警分析。具体有以下几点认识。

一是在中国城镇化环境负效应累积现象较为普遍。资源型城市的环境退化、流域水环境质量恶化、高城镇化地区"垃圾围城"等环境问题制约着中国可持续城镇化进程。根据城镇化环境驼峰效应假说，从理论上能推导出由于环境正效应作用力不强，导致城镇化环境负效应累积的存在性。对此，一方面，要加强对现存的环境负效应累积问题进行综合治理；另一方面，对未来城镇化进程要加强环境负效应累积风险的防范工作。

二是过去中国城镇化造成了较大的资源与环境压力，现阶段中国从温饱型社会向小康型社会过渡，人们日益追求更多的环境福利。但是，环境牺牲的惯性大，环境牺牲的驼峰依然有趋高的可能性，这主要是由于中国城镇化规模总量大、人均资源环境容量小、现阶段生态效率整体水平不高、经济结构调整需要一个周期、环境投入效率仍待进一步提高等。可见，现阶段城镇化战略选择和环境行为会直接影响未来城镇化环境效应的走向。

三是在城镇化后期或后城镇化时代，城市环境公害问题有可能挑战健康的人居环境。其中包括五岛效应、地面下沉、强辐射环境、噪声污染、光污染及城市内涝等，当然还有其他潜在的不可预知的环境风险。

主要原因来自两个方面：一是由于城市规划与建设上的不合理导致城市环境公害集中发生；二是由于现代科技文明带来潜在的环境负效应现象。从现阶段看，由于城市规划与建设问题造成的城市环境公害虽然危害严重，但是大部分在可控范围之内。值得注意的是，目前人们对现代科技文明带来的光污染、强辐射等问题关注尚不多，应引起重视并采取必要措施加以防范和治理。

战略篇
中国绿色城镇化战略

第八章　加快推进城镇化绿色转型：
实施绿色城镇化战略

当前，世界发展面临能源、环境、气候变化等多重危机，低碳经济、绿色发展成为全球性主题。中国长期以来走的是一条非绿色的粗放型城镇化道路，这种城镇化模式是一种以高消耗、高排放、高扩张为基本特征的外延式粗放发展模式，它加剧了资源与环境的约束。显然，现阶段中国在快速城镇化的进程中面临着促进经济绿色转型升级、污染减排、降低温室气体排放强度、改善生态环境质量等诸多挑战和压力。快速增长的城镇人口及其消费需求与有限的资源、能源和环境容量之间不断加剧的矛盾，日益成为制约中国可持续城镇化的瓶颈。为此，在中国全面推进生态文明建设的背景下，当前亟须对过去非绿色城镇化模式进行反思，继而推动实施绿色城镇化战略，加快城镇化绿色转型。

一　对过去中国非绿色城镇化模式的反思

改革开放后，我国进入了快速城镇化和工业化推进阶段，工业经济成为城镇化的重要支撑，城市建设进程也大踏步迈开。在这个过程中，我国逐渐缓解甚至解决了作为发展中大国在特定发展阶段所面临的温饱贫困、商品短缺等问题；但是，快速工业化、城镇化过程中的高增长与高消耗、高排放、高扩张是同步推进的，为此有必要客观审视上一轮快速的非绿色城镇化。

（一） 非绿色城镇化的粗放型特征

一是高消耗。在粗放型城镇化进程中，中国的能源和原材料消费一直占全球较大比重。2012 年，我国经济总量占全球的比重为 11.6%，但消耗了全球 21.3% 的能源、54% 的水泥、45% 的钢。[①] 我国能源消费占全球能源消费比重连年增长，2014 年，中国能源消费总量占全球的23%，其中煤炭消费量占全球消费总量的 50.6%，石油消费量占全球消费总量的 12.4%（见表 8 - 1）。二是高排放。资源的高消耗带来高污染排放，且中国的资源和能源消费主要集中在城镇地区。2014 年，全国开展空气质量新标准监测的 161 个地级及以上城市中有 145 个城市空气质量超标；在 470 个降水监测的城市（区、县）中，酸雨城市比例为 29.8%，酸雨频率平均为 17.4%；全国 4896 个地下水监测点位中，水质为优良级的监测点比例为 10.8%，良好级的监测点比例为 25.9%，较好级的监测点比例为 1.8%，较差级的监测点比例为 45.4%，极差级的监测点比例为 16.1%。[②] 随着城镇人口的增加，城镇生活废弃物排放增多，部分城市生活垃圾的处理能力跟不上污染排放的强度，"垃圾围城"和城市污染日益严峻，并逐渐向城郊和农村地区蔓延扩散。三是高扩张。从总量上看，全国城市建成区面积不断扩大，2000 年全国城市建成区面积为 22439.28 平方公里，2013 年扩大到 47855.28 平方公里，扩张了一倍多，平均每年增加 1955.08 平方公里，年均增长 8.71%。近年来，全国各地区在加快旧城改造的同时，掀起了一股新城建设与扩张的浪潮。大多数城市新区的规划面积达到数百平方公里，少部分规划达到上千平方公里。与此同时，一段时间内，在加速赶超和跨越发展的思潮驱动下，中国各级城市（镇）大兴新产业园区建设或老工业园区扩建工程，园区规划面积也不断扩张，有的甚至高达数百平方公里。

---

① 第十二届全国人民代表大会常务委员会第八次会议：《国务院关于节能减排工作情况的报告》。

② 环保部：《2014 年中国环境状况公报》。

表 8 - 1　中国能源消费占全球能源消费比重

年份	能源消费总量 占全球比重（％）	煤炭消费总量 占全球比重（％）	石油消费总量 占全球比重（％）
2010	20.3	48.2	10.6
2011	21.3	49.4	11.4
2012	21.9	50.2	11.7
2013	22.4	50.3	12.1
2014	23.0	50.6	12.4

资料来源：《BP 世界能源统计年鉴》（2011～2015 年）。

（二）付出了巨大的资源环境代价

非绿色城镇化付出了巨大的资源环境代价，集中体现在两个方面。一是资源供需矛盾日益加剧。建立在对土地、水资源、能源、原材料等资源大量消耗基础上的中国快速城镇化，导致资源短缺趋于严重，包括城市缺水、耕地面积下降、绿地减少，并需要从国外进口大量的原材料等。与此同时，由于城镇空间布局与资源环境承载能力不相适应问题越来越突出，国家不得不在全国范围内开展一系列的大规模、长距离能源和资源调运，增加了城镇化成本。二是环境污染严重导致环境压力增加，特别是城镇地区的生态环境严重恶化。例如，大面积的地表硬化和建筑化，大量植被及地下水循环系统遭到破坏，生物多样性受到威胁；各类污染物大量排放，严重影响了城镇人居环境质量，特别是近年来出现的大面积雾霾天气直接影响到人体健康；来自其他类型环境公害的威胁也不断加大，包括热岛效应、酸雨、城市内涝、地面下沉、光污染、强辐射和噪声污染等。显然，粗放型的非绿色城镇化及城镇发展模式，持续加剧了中国长期以来累积的资源供需压力和生态环境压力。

（三）特定发展阶段的症结根源

从城镇化阶段看，一般基于城镇化 S 形曲线三个阶段的划分思想，采用 30%、70% 两个临界值，30% 以下为城镇化的初期阶段、30%～70% 为城镇化的加速阶段，70% 以上为城镇化的后期阶段。从中国城镇化进程看，改革开放以来，中国城镇化率从 1978 年的 17.9% 提高到 2014 年的 54.8%，可见中国正在经历快速城镇化推进阶段。根据城镇化发展阶段的一般特征及中国的基本国情可以判断，过去非绿色的城镇化至少有以下几个方面原因：一是遵循三次产业递进的基本演变规律，这一时期产业结构主要是依赖资源消耗和原材料加工的传统工业和支撑城镇建设的建筑业；二是新中国成立以来，我国长期处于短缺经济状态，要实现由卖方经济向买方经济过渡、完成脱贫和温饱任务在一定程度上需要扩大资源消耗进行生产以满足人们的基本物质需求；三是作为一个地区差异极大的发展中大国，这一阶段的生产力技术水平相对处于较低层次，难以在资源节约利用和节能减排上有较大突破；四是农业人口的持续释放并向城镇转移，客观上需要扩张城镇建设规模以容纳新增人口；五是不排除少数地方政府存在以牺牲资源环境为代价片面追求经济发展政绩的非理性行为；六是过去人们的环保意识观念相对薄弱，对环境福祉的需求并不强烈。

（四）转变非绿色模式迫在眉睫

中国是一个人口多、资源短缺的发展中大国，如果不尽快改变高消耗、高排放、高扩张的非绿色发展模式，快速城镇化面临的资源环境成本将持续增加，显然不利于城镇人口、经济与资源、环境的协调发展，这也是与科学发展要求背道而驰的。在全面推进生态文明建设的新形势下，非绿色城镇化模式已经越来越难以为继。从总体趋势上看，当前资源和环境约束力日趋加大；同时，我国已经越过刘易斯拐点，农村富余劳动力趋于减少，在今后一段时期内，城镇化率每年提高的幅度将会有所减慢，进入减速时期；当前城镇化已经进入一个重要的转型期，将更加注重绿色发展和生态价值的提升，因此要积极探索走一条新型的绿色城镇化道路，配合支持在全国范围内全面推进生态文明建设。

二 绿色城镇化思潮及其概念的界定

进入 21 世纪，随着气候变化及其他各种环境问题越来越突出，在全球范围内关于"绿色发展"的各种讨论方兴未艾，城镇化的绿色进程成为这一主题下人们关注的焦点之一。一段时期以来，针对城镇化环境问题的各种研究及相关思想逐渐聚焦到"绿色城镇化"这一主题上来，并在近年演变成一种发展思潮，备受社会各界关注。

（一）绿色城镇化观念的溯源及其提出的时代背景

国际上对城镇化进程中资源环境问题的探讨由来已久。早在 1898 年，英国学者埃比尼泽·霍华德（Ebenezer Howard）就著有《明日：一条通往真正改革的和平道路》（*Tomorrow：A Peaceful Path to Reform*）一书，到 1902 年二版改名为《明日的田园城市》（*Garden Cities of Tomorrow*），其中首次提倡规划和建设田园式的城市形态，以避免城市扩张发展带来的环境问题。田园城市思想对城镇化环境问题研究具有开创启蒙性，在一定程度上可以视为"绿色城镇化"思想的雏形。随后，代表性的观点还有 1915 年帕特里克·格迪斯（Patrick Geddes）的《进化中的城市》（*Cities in Evolution*），认为要遵循自然环境条件，依据生态原理进行城市规划与建设，实质上就是强调建立在环境容量和承载力允许基础上的城市发展。20 世纪 80 年代以来，国际上关于城市生态环境和可持续发展问题的讨论进一步高涨，尤其是在"生态城市"概念的基础上展开对城市环境问题的大讨论，包括倡导"森林城市""健康城市""园林城市""绿色城市""低碳城市"等一系列城市发展新理念。到 20 世纪 90 年代，随着国际"绿色发展"运动的日渐盛行，"绿色发展"思想渐成主流；在城市发展实践中，从过去只注重绿色规划逐渐向绿色生产、绿色生活、绿色文化等各领域全面渗透。

不过，"绿色城镇化"概念的提出和践行主要还是源自对中国问题和模式的探讨。2002 年，联合国开发计划署发布的《中国人类发展报告》首次主张中国未来需要"让绿色发展成为一种选择"。2011 年，中国在"十二五"规划纲要中明确将"绿色发展"作为国家战略提出来。这样，在中国"绿色发展"战略背景下，"绿色城镇化"逐渐成为中国走特色新型城镇化道路的重要模式之一。实际上，进入"十二五"时期后，中国许多地方政府已经开始将"绿色城镇化"作为发展战略推行开来。2015

年4月，中共中央、国务院发布《关于加快推进生态文明建设的意见》，明确提出要大力推进绿色城镇化（见专栏8-1），绿色城镇化正式上升为国家战略。显然，"绿色城镇化"概念具有很强的时代色彩，有时又被理解并称为"城市（镇）的绿色发展"或"城市（镇）化的绿色模式"，虽表达不尽相同，但其核心思想均是从资源环境的角度倡导全面协调、可持续的城镇化。

专栏8-1　大力推进绿色城镇化的意见

认真落实《国家新型城镇化规划（2014~2020年)》，根据资源环境承载能力，构建科学合理的城镇化宏观布局，严格控制特大城市规模，增强中小城市承载能力，促进大中小城市和小城镇协调发展。尊重自然格局，依托现有山水脉络、气象条件等，合理布局城镇各类空间，尽量减少对自然的干扰和损害。保护自然景观，传承历史文化，提倡城镇形态多样性，保持特色风貌，防止"千城一面"。科学确定城镇开发强度，提高城镇土地利用效率、建成区人口密度，划定城镇开发边界，从严供给城市建设用地，推动城镇化发展由外延扩张式向内涵提升式转变。严格新城、新区设立条件和程序。强化城镇化过程中的节能理念，大力发展绿色建筑和低碳、便捷的交通体系，推进绿色生态城区建设，提高城镇供排水、防涝、雨水收集利用、供热、供气、环境等基础设施建设水平。所有县城和重点镇都要具备污水、垃圾处理能力，提高建设、运行、管理水平。加强城乡规划"三区四线"（禁建区、限建区和适建区，绿线、蓝线、紫线和黄线）管理，维护城乡规划的权威性、严肃性，杜绝大拆大建。

资料来源：《中共中央、国务院关于加快推进生态文明建设的意见》(2015年)。

（二）绿色城镇化的基本内涵

在社会主义生态文明新时代背景下，绿色城镇化既要立足加快改变传统高消耗、高排放、高扩张、低效产出的非绿色模式，又要着眼长远，推进全面协调、健康可持续的城镇化。为此，在"资源节约、低碳减排、环境友好、经济高效"的内涵认识基础上[1][2]，进一步提出"资源利用集约低碳、经济发展绿色高效、生态环境质量优良、绿色文化日益繁荣"的绿色城镇化内涵。其中，资源利用集约低碳是从城镇化物质能量消耗的角度提出，经济发展绿色高效既是物质能量消耗的产出也是绿色城镇化的支撑，生态环境质量优良是推进绿色城镇化的关键成效和人们日益增长的绿色价值追求，绿色文化日益繁荣则是确保绿色城镇化永久推进的根本性保障和生态文明建设成果的重要体现。

1. 资源利用集约低碳

城镇化过程中的自然资源等物质能量消耗，包括以矿藏为主体的原材料、各种能源以及水、土地等资源的集约开发与节约利用是绿色城镇化的重要基础；同时，建立在能源和资源节约与低消耗基础上的低碳排放是推进绿色城镇化的关键环节和重要任务。一是保护性开发资源。坚持推行各类自然资源在开发中保护、在保护中利用的基本原则，运用先进适用的开采技术对资源进行可持续性开发。二是资源高效节约利用。全面推广循环经济发展模式，减少资源消耗，增加资源重复利用和资源循环再生，以尽可能少的资源消耗获得最大的经济效益和社会效益。三是在城镇化进程中尽可能地减少二氧化碳排放，全面推行低碳能源技术、低碳发展模式、低碳生活方式，逐步缓解城镇化进程中的能源消耗与高碳排放之间的矛盾，大幅度降低二氧化碳排放强度，积极促进城镇化和城市发展低碳转型。

2. 经济发展绿色高效

经济发展绿色高效是推进绿色城镇化的核心任务和战略支撑。一定程度上，经济发展水平决定着人们需求的满足程度，那种重速度轻效益、重数量轻质量、重外延扩张轻内涵的非绿色城镇化模式，在特定发展阶段能较好地满足人们的物质需求，特别是对解决温饱和实现脱贫有很大帮助。但是，以资源环境为代价的低效经济快速增长是不可持续的。从

---

① 魏后凯、张燕：《全面推进中国城镇化绿色转型的思路与举措》，《经济纵横》2011 年第9 期。

② 张燕、黄顺江：《中国推进绿色城镇化之探索》，载于潘家华、魏后凯主编《中国城市发展报告 NO.5——迈向城市时代的绿色繁荣》，社会科学文献出版社，2012。

绿色发展角度看，就是加快促进经济发展向绿色高效转型，用最小的资源环境投入成本获得最大化的经济产出效益。因此，在绿色城镇化战略下，绿色经济本身就是战略发展的新支撑，经济发展绿色高效不是否定资源消耗和适度排放，而是要在保障环境质量的条件下，通过优化资源配置、推广应用先进技术、提高管理水平、推行绿色发展模式实现经济产出最大化。

3. 生态环境质量优良

随着人们对绿色价值追求的日益关注，生态环境质量是否优良直接决定了绿色城镇化推进的成败。为此，要从不断提高人类环境福祉的角度，加强生态建设和环境保护工作，促进实现人与自然的和谐共处。由于生态环境保护具有不可分割性，绿色城镇化模式下生态对环境保护的要求不只局限于城市区域，还包括城市以外区域的自然景观、生物多样性、生态空间、水与大气环境及声环境的保护等。同时，针对由于非绿色粗放型城镇化导致的生态系统损益和环境污染，要加强生态系统修复、建设和维护，加快环境污染综合治理。在新的城镇化活动中，一方面，尽可能减少对生态系统的破坏，维护生态系统功能；另一方面，严格控制各类污染物排放和加强各类环境风险管控，确保生态环境的质量优良。

4. 绿色文化日益繁荣

文化是软实力，绿色文化是绿色城镇化的软实力，更是确保绿色城镇化永续推进的根本保障。为此，绿色城镇化不仅要体现在物质上看得见的层面，而且需要充分体现在看不见的文化内涵层面。在生态文明理念下，加快培育和繁荣绿色文化，让绿色知识在全社会得到普遍推广和应用，让绿色发展和绿色城镇化观念深入人心，政府、企业、非政府型社会组织及公众等各类主体应自觉践行绿色行为，让绿色生态、绿色生产、绿色生活等在新型城镇化进程中逐渐成为引领时代潮流的新风尚。另外，在制度体系层面上，确保绿色城镇化配套的体制机制、法律法规、政策等趋于完善，绿色新政能够得到全面推广和施行。

三 促进城镇化绿色转型的重点任务

在转型过程中，绿色城镇化作为一种全新的发展模式面临着观念更新、技术进步、文明构建、政治推动等多重压力与挑战。转型本身具有阶段性，因此，全面推进绿色城镇化模式不可能一蹴而就，要根据中国经济、社会发展的阶段特点，逐步推进实施。现阶段重点任务是推进经济绿色增长、促进生活方式绿色化、加快建设绿色城市和绿色城市群，强化生态环境保护，切实改善人居生态环境。

（一） 以生产方式的绿色化推进经济绿色增长

在传统粗放型的非绿色城镇化进程中，大量的资源消耗、污染物及二氧化碳排放均来自产业活动特别是工业生产，为此，推进绿色城镇化的首要任务就是改变过去高消耗、高排放的生产方式。既要通过技术创新驱动工业绿色化改造升级，从而带动第一、第二、第三产业协同转型升级，又要通过产业组织方式的创新推进三次产业协同发展和全产业链低碳循环绿色发展，继而加快构建资源利用效率高、环境友好性强、空间布局合理、经济效率高的现代绿色产业体系。加快促进过去城镇化经济增长主要依靠物质资源消耗向主要依靠科技要素、劳动者素质提高和管理创新转变，通过要素投入的高级化、绿色化促进生产方式的绿色化，从而带动经济增长的绿色化，形成经济新增长点和新优势。

（二） 以生活方式的绿色化形成绿色消费新风尚

绿色消费是新型城镇化的主要特征之一，也是城镇文明进步的重要表现，更是转变传统落后消费模式、引导健康生活方式的内在需要。一是在国家新型城镇化战略导向上，要把绿色消费作为城镇化居民消费转型升级的重要手段和拉动经济增长的新动力。二是全面推广绿色消费方式，积极倡导环保、节俭、安全、健康的生活方式，积极引导公众的绿色消费、绿色出行、绿色居住，加快形成节约资源，减少污染；绿色消费，环保选购；重复使用，多次利用；分类回收，循环再生；保护自然，和谐共生等绿色生活方式与绿色消费理念，以城带乡，在全社会形成自觉践行节约资源、保护环境、绿色生活的新风尚。

（三） 创新建设模式推进绿色城市和城市群建设

把推进绿色城市和城市群建设作为实施绿色城镇化战略的重要支撑，其中绿色城市是绿色城镇化的主要载体，绿色城市群是绿色城镇化的主体形态。一是在总体方向上，要按照生态文明建设和新型城镇化的总体要求，以绿色发展为导向，通过创新建设模式，因地制宜推进各具特色的绿色城市和绿色城市群建设。二是有效控制城市建设的边界，建设紧凑集约城市，把承载人类集中活动的城市和城市群作为自然环境系统的有机组成部分，避免城市和城市群发展对生态环境系统的无限制使用和不必要的破坏。三是在绿色建设内容上，以统筹人口、经济、社会与资源环境协调发展为内涵，以绿色智能等新理念为引导，不断创新城市和城市群建设模式，优化生产、生活、生态空间，突出绿色生产、绿色生活和绿色生态空间有机融合，推进产业、基础设施、交通运输、建筑物等绿色化改造升级，积极倡导推行绿色生活方式，切实加强城镇生态建设和环境保护，提升城市生态环境质量。

（四） 强化生态环境保护切实改善人居环境质量

非绿色城镇化模式带来了严重的生态系统破坏与环境污染问题，因此需要在推进城镇化的绿色转型中，继续加大投入力度，强化对环境污染的综合防治和生态系统的保护与修复。在城市内部，要继续加强城市垃圾和污水处理等环卫市政设施建设；控制和削减城市居民生活排污总量，规范排污行为，加强水源保护；加大对城市湿地植被、城市绿色防护带、城市土地硬化与沙化区域封禁治理和抢救性保护工作力度；推进实施城市重点区域生态修复与建设工程等，提升绿色载体空间。在工业园区，完善污染处理配套设施建设，对入园企业设置严格的环保准入门槛，积极发展全产业链式的循环经济，推进建设绿色园区。在工矿区，在充分尊重自然生态系统运行规律的基础上，充分利用现代技术，通过实施生物工程等有效措施加快对被破坏的生态系统进行有效治理与修复。加强对城镇化进程中生态破坏和环境污染点的普查，特别是要关注农村地区、林区、流域的生态环境问题。要以生态环境质量作为绿色城镇化效果的重要评价指标，在加强生态修建和环境污染治理的同时，积极防范新的生态环境问题的出现。

四　加快推进绿色城镇化的对策建议

按照生态文明建设和新型城镇化的战略要求，围绕绿色城镇化的基本内涵，以综合创新为驱动力，建立健全城镇化绿色治理机制，全面推行绿色新政以强化政策引导，积极推进环保事业大发展，加快构建生态文明体系，切实保障中国城镇化实现绿色转型。

（一）建立健全全民参与的城镇化绿色治理机制

当前，在城镇化建设和城镇发展过程中政府发挥着重要的主体作用，包括规划、城市建设和项目开发等方面，总体上还非常缺乏公众参与城镇化和城镇建设的渠道，普通居民参与的权力没有得到充分保障。绿色城镇化事关每个人的工作和生活，为此，要加快建立起以绿色发展为理念，以绿色生活为导向，以市场为基础、政府为引导、企业为主体、其他社会组织作为必要补充、全民参与的城镇化绿色治理机制，明确推进绿色城镇化的社会各界和全民参与。政府要加强对绿色城镇化战略思路的顶层设计，明确绿色城市和绿色城市群建设的重点任务，制定完善相关配套政策，并积极引导全社会参与绿色城镇化实践；企业在绿色城镇化战略框架下，以绿色发展为导向，全面推行绿色技术、绿色工艺和绿色生产；其他各类社会组织要发挥在绿色城镇化各领域实践方面重要的中间推动作用；个人则要在衣、食、住、行等各方面按照绿色生活的基本要求，做到节能节约、绿色健康生活。这样，通过加快建立健全全民参与的城镇化绿色治理机制，达成绿色城镇化社会共识，引导社会各界协同参与绿色城镇化实践，形成绿色行动合力。

（二）积极推进城镇化绿色转型的全方位创新

转型发展就是要鼓励创新、实践创新。为此，推进城镇化的绿色转型，要求促进以绿色发展为导向的科技创新、组织创新、建设模式创新、体制机制和管理创新等领域的综合创新。一是积极推动绿色技术创新。企业要采用先进适用的绿色技术和绿色工艺、管理流程，推进绿色生产，以科技创新带动节能减排和绿色发展；同时在工程建设方面也要积极推进绿色适用新技术，推行绿色工程。二是推动产业组织创新。鼓励企业进行产业链重组和合作，走专业化、集群化、生态化发展之路，构建形成具有竞争力的循环经济产业链，提高资源加工深度和综合利用程度，减少废弃物排放。三是全面推进城镇建设模式创新。按照低碳、生态、紧凑、绿色、舒适的要求，统筹规划绿色城市和城市群建设，既要加强老城区、城中村、边缘区整治和老城区、老建筑的绿色化改造，也要高起点、高标准、高质量地推进绿色新城新区建设。四是按照绿色新政要求积极推进政府行政管理体制机制的创新。完善生态环境制度，构建绿色转型政策体系和绿色考核指标体系，实施政府绿色采购，推动形成有利于城镇化绿色转型的新机制、新体制。

（三）加快促进生态环保产业和事业大发展

现阶段，以生态文明建设为总纲，围绕绿色发展的目标，在我国全面促进生态环保产业和事业大发展，既是加快转变粗放型城镇化、改善生态环境质量的内在要求，也是在经济运行新常态下推动战略发展的新经济增长点。一方面，在政府层面，要根据绿色城镇化对环保提出的新要求，在进一步完善环境法律法规、推进环保技术创新、扩大国际环保合作的基础上，不断完善环境政策，深化环境监控与管理体制改革，增强应对突发性污染事故、污染纠纷和严重违法事件的能力，提高环境监测与执法监督能力，尤其是加大对城镇环境的监测执法力度，严格控制由于新增城镇人口带来的城镇环境污染与环境质量下降。另一方面，在生态环保投入方面，通过创新投融资模式，积极引导社会资本投入环保产业和环保事业领域，围绕生态建设、污染治理、环保工程、环保设施与装备、环保科技研发、环保监测等领域，推进生态环保产业和事业市场化进程，把生态环保产业和事业的大发展作为经济发展的新增长点和绿色城镇化的重要支撑。

（四）构建以绿色理念为核心的城镇生态文明体系

以绿色理念为引导全面促进绿色发展，统筹推进城镇生态建设和环境保护，全面改善城镇生态环境质量，加快构建和谐统一的城镇生态文明体系，为城镇化绿色转型和绿色发展提供强有力的文明体系支撑。一是强化绿色发展和生态环保理念，树立人与自然和谐统一的生态文明观，营造良好的生态文化氛围，提升全民生态意识，构筑城镇生态意识文明体系。二是全面推进资源节约和环境友好型社会建设，构建现代绿色产业体系，倡导绿色生产、生活和消费方式，形成可持续的城镇生态行为文明体系。三是加强城镇生态环境整治，积极推进绿色城镇建设，着力塑造城镇特色和品位，提升全民生态文明素质，创造良好的城镇人居环境，构筑具有特色的城镇生态人居文明体系。四是全面推进生态文明体制改革，建立高效、廉洁、绿色的行政管理体制，不断完善生态环境规章制度，包括空间开发保护制度、健全资源有偿使用和生态补偿制度、资源保护管理制度、生态文明绩效评价考核和责任追究制度、生态道德规范等，逐步形成机制完善、保障有力的城镇生态文明制度体系，为城镇化绿色转型提供制度保障。

第九章　强化绿色发展载体支撑：
加快推进绿色城市建设

　　绿色城市是绿色城镇化的主要载体和基本单元，在我国加快推进绿色城市建设、促进城市绿色转型既具有深化推进全国生态文明建设的战略意义，也是加快改善城市生态环境面貌、促进形成绿色经济新增长点的迫切需求。本章系统地梳理了绿色城市的内涵并提出相应的识别方法，指出全面推进绿色城市建设的宏观导向，结合《国家新型城镇化规划（2014～2020 年）》中关于推进绿色城市建设的总体方向和重点任务的要求，进一步丰富了现阶段加快推进绿色城市建设的各项具体任务，并提出保障绿色城市建设有序推进的对策建议。

一　绿色城市的内涵及判识

（一）绿色城市的内涵特征

　　自 20 世纪 80 年代以来，由于在快速城镇化进程中我国城市发展出现了诸如环境、能源、卫生、健康等问题，在充分借鉴国际上城市运动相关经验的基础上，国家相关部门先后推出了一些具有中国特色的城市建设运动，包括卫生城市、园林城市、健康城市、环境保护模范城市、森林城市、生态园林城市①以

---

① 李漫莉等：《绿色城市的发展及其对我国城市建设的启示》，《农业科技与信息》（现代园林）2013 年第 10 卷第 1 期。

及低碳试点城市①等。虽然这些城市建设运动的主题各有差异，但都为绿色城市建设和发展奠定了良好的基础。绿色城市的内涵更为丰富，正如欧洲绿色城市主义认为可以把城市看作居住地、自然场所的一个为了新陈代谢需要而不断吸收和排放废物的有机体，即城市应该是自然界生态系统的一部分。②③ 显然，绿色城市更强调城市发展与自然界的一体化。相对于以前以高消耗、高排放、高扩张等为特征的城市建设和发展模式，我国急需向低消耗、低排放、集约式转型，要集中体现全面、协调、可持续的科学发展理念。具体地，绿色城市的基本内涵至少同时包括以下六个方面。

1. 开发建设具有集约性（集约城市）

按照资源开发集约性要求推进城市建设和发展，根据不同土地类型相应提高单位土地面积的人口、经济等承载能力，水、能源及矿产等资源集约开发利用，城市边界明晰，城市建设发展总体趋于有序高效推进。一是城市空间有效管控，设置开发强度的上限或城市建设的密度标准，严格限制城市土地水泥地连片发展，适度推进城市立体空间开发，防止过度开发和无序开发。二是资源得到集约、节约利用，大力推广城镇节能、节材、节水、节地技术，推进节能、节地、节水、节材型城市建设。三是在城镇空间布局上，提倡集中、密致布局，推进各类配套设施衔接一体化建设，建设多用途街区和管廊等，推进紧凑型城市建设。④

2. 城市形象具有生态性（生态城市）

城市生态系统完整、环境质量良好，城市与自然界系统有机融为一体，生态特征明显。一方面，在生态系统建设和维护方面，城市生态系统得到了较好的修复或维护，并尽可能新建人工生态系统，城市生态系统功能承载力不断提高，城市绿色生态空间与城市生产和生活空间有机相容，城市生态成为自然界生态系统的有机组成部分。另一方面，在环

①　国家发展改革委宏观经济研究院编写组：《迈向低碳时代——中国低碳试点经验》，中国发展出版社，2014。
②　Timothy Beatley. 2000：*Green Urbanism*：*Learning from European Cities*，Island Press.
③　白磊：《从〈Green Urbanism：Learning from European Cities〉看中国城市发展》，《城市问题》2006 年第 7 期。
④　魏后凯：《走中国特色的新型城镇化道路》，社会科学文献出版社，2014。

境质量方面，城市废气、废水及固体废弃物等污染得到有效治理和控制，其他各类环境风险均可控，大气、水、土壤环境整体优良，环境质量总体能够达到市民健康生活标准的要求。

3. 能耗排放具有低碳性（低碳城市）

按照低碳城市要求推进城市低碳化发展，城市能耗和排放具有低碳特征。能够按照低碳理念，推广低碳能源、发展低碳产业、推行低碳管理、倡导低碳生活、营造低碳环境、增加城市碳汇等，同时低碳政策和制度的完善，总体上能够树立城市良好的低碳形象，碳排放不断削减，积极为全国和全球碳减排贡献力量。

4. 经济发展具有绿色性（绿色经济城市）

城市经济绿色化特征明显，主要表现在：绿色科技创新和转化能力强，资源节约和环境友好型的绿色产业体系基本形成，绿色循环型经济发展良好，绿色经济日益成为新的经济增长点，居民消费结构不断升级且绿色消费比重持续提高，形成"绿色生产—绿色流通—绿色消费"完整的绿色经济链等方面。

5. 城市运行绿色智能化（绿色智能城市）

城市系统运行具有绿色智能化特征，城市内部的物流、人员流、信息流等能在绿色智能化的城市运营和管理系统下进行高效流通。这至少包括以下几方面：交通、管廊等基础设施绿色化，既包括工程建设本身的绿色化，也包括管理运营的绿色化；积极运用信息化等新技术，推进城市建筑、配套设施等绿色智能化改造和建设；各类绿色服务供给保障充分，包括绿色知识咨询供给、绿色科技供给、绿色消费配套设施及服务供给等。

6. 绿色文化氛围浓郁（绿色文化城市）

绿色生活和新风尚在城市蔚然成风，营造了良好的绿色文化氛围，城市绿色文化呈一片繁荣景象。一是绿色知识普及率高，不同人群均接受不同程度的绿色知识教育或培训。二是绿色生活在全社会盛行，绿色消费方式成为居民的习惯。三是绿色体制机制健全和绿色配套政策完善，绿色规章制度体系基本建成。

（二）绿色城市的识别方法

1. 绿色城市指标体系构建

基于对绿色城市内涵的认识，可以遵循科学性、系统性、稳定性、可比性、前瞻性及易操作性的基本原则，构建绿色城市指标体系。具体可以分为以下几个层级：第一级为目标层，即绿色城市综合指数；第二级为类别层，即设置客观指标和民情指标；第三层为准则层，依据绿色城市的六条基本内涵分别设置开发建设集约性指数、城市形象生态性指数、能耗排放低碳性指数、经济发展绿色性指数、城市运行绿色智能指数、绿色文化繁荣指数，另外，为充分反映民意，设置居民绿色感受指数；第四级为子准则层，即设计不同的指标反应项；第五级为具体表征指标层，即根据四级指标获得对应的统计指标（见表9-1）。

表9-1　绿色城市综合指数指标体系

一级指标	二级指标	三级指标	四级指标	五级指标（表征指标说明）
绿色城市综合指数	客观指标	开发建设集约性指数	人口、经济承载力	根据统计部门统计的对应细化指标或其他第三方途径获取的对应细化指标
			城市边界清晰度	
			资源利用集约度	
		城市形象生态性指数	生态系统完整性	
			环境质量	
		能耗排放低碳性指数	能源结构	
			碳排放	
		经济发展绿色性指数	绿色GDP	
			绿色产业结构	
			绿色科技	
			绿色消费结构	
		城市运行绿色智能指数	绿色基础设施	
			绿色智能化水平	
			绿色管理设计	
			绿色服务供给	

续表

一级指标	二级指标	三级指标	四级指标	五级指标（表征指标说明）
		绿色文化繁荣指数	绿色知识普及	
			绿色生活践行	
			绿色机制完备	
			绿色制度落实	
	民情指标	居民绿色感受指数	居民环境感受	不同人群民意调查统计/因环境导致疾病、死亡等统计或抽调数据等
			环境对健康影响	

注：不同城市根据绿色城市建设和发展的特殊性可增加设置特色指标。

2. 绿色城市判别标准

为了便于考察，可以分层次按照赋予每个指标的科学权重，分级对指数进行标准化计算，最后加权计算得到一级指标绿色城市综合指数，指标值在 0～1。根据国内外多个实证案例研究以及专家团队打分确定，最终可以选定多个阈值，对绿色城市发展进行细化判定。这里，可假设较小的阈值为 0.6，较大的阈值为 0.8，根据颜色认同度、预警信号灯，小于 0.6 则认为城市为黑色，亮起红色报警灯；0.6～0.8 表示城市为灰色，亮起黄色预警灯；大于 0.8 则城市为绿色，亮起绿色指示信号灯（见表 9－2）。当然，根据具体案例研究，可以对阈值、颜色认同度、预警信号灯进一步细化，例如增加褐色、橙色、墨绿等不同颜色认同度，以更加精准地判断城市的绿色化程度。根据不同的颜色认同度和预警信号灯，可对城市绿色建设与发展提出相应的调试方案。

表 9－2　绿色城市的评价标准

绿色城市综合指数	<较小阈值	较小阈值～较大阈值	>较大阈值
颜色认同度	黑色	灰色	绿色
预警信号灯	红灯	黄灯	绿灯
调试方案选择	战略转型	模式转型	持续推进

绿色－绿灯。表示城市绿色发展处于相对稳定状态，城市运行和发展总体符合绿色城市的内涵特征要求，城市绿色建设和发展的目标基本

实现。此时，应在保障城市绿色发展战略、各项有效政策以及治理方案延续性的基础上，积极顺应发展趋势、应对新形势新挑战，着眼更长远的绿色发展。

灰色－黄灯。表示城市绿色发展处于不稳定状态，城市运行和发展没有较好地达到绿色城市内涵特征的总体要求，城市绿色建设和发展面临不确定风险，但总体依然处于绿色可控状态。此时，应瞄准非绿色问题，精准施策，加大力度积极调整城市治理方案，转型发展模式，加快促进城市绿色转型。

黑色－红灯。表示城市发展处于非绿色状态，城市运行和发展没有达到绿色城市内涵特征的基本要求，城市非绿色状态已经严重影响到经济社会和人口的发展，处于人们不可接受的状态。此时，应深刻检讨城市发展战略和相关政策，寻找非绿色的根本原因，并采取有力手段促进城市战略转型。

需要进一步指出的是，在生产力发展的不同阶段，社会发展水平具有较大的差异性。根据发展水平的差异，通常可以把社会划分为贫困型、温饱型、小康型和富裕型四种形态。另外，根据绿色发展性质可以把城市划分为绿色和非绿色两种类型。那么，在任何社会发展形态中都有可能出现绿色和非绿色两种情形。这样，城市绿色发展标准和接受度就存在贫困型绿色、温饱型绿色、小康型绿色、富裕型绿色四种类型（见图9－1）。这就可以充分反映在不同的社会形态下，由于发展水平和人们意愿的不同，绿色的标准和认同度存在差异性，特别是随着发展水平和文明程度的提高，人们对绿色价值追求应该是越来越高的。

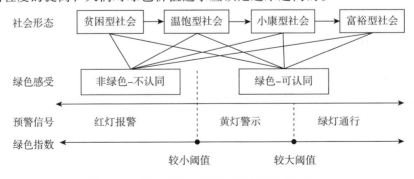

图9－1　不同社会形态下的城市绿色发展标准

二 全面推进绿色城市建设的宏观导向

按照绿色城镇化的理念全面推进绿色城市建设，需要用绿色新理念引导城市空间布局、城市建设和产业发展；同时，由于我国地域自然条件差异大、城市性质及功能不一、城市经济发展水平不同等，绿色城市建设应该避免单一雷同模式，需要因地制宜推进差异化的建设发展模式；另外，还要按照城乡绿色统筹的理念和思想，以城带乡推进农村农业绿色发展，并积极提升农民绿色文化意识。

（一）切实推进形成城市发展绿色转型的新理念

牢固树立尊重自然、顺应自然和保护自然的生态文明理念，用绿色化武装新型城镇化，切实形成城市绿色转型与发展的理念。一是在城市发展目标与价值取向上，促进以生产就业为导向逐步向健康宜居"绿色福利"为中心转变，确立城市绿色、健康、宜居的价值取向，明确城市发展的根本目的和落脚点是改善人居环境、提高生活质量，加快解决损害居民健康的各类环境问题，让城市真正成为居民健康幸福生活的载体。二是在产业发展上，根本性地改变过去"先污染后治理"的模式和发展理念，将新型工业化和绿色化有机结合起来，引导产业绿色化和积极发展资源节约和环境友好型的绿色产业。三是树立城市绿色开发建设理念，彻底改变过去粗放、无序、低效的城市建设方式，对城市开发建设项目实施绿色门槛制度，对无绿色设计、非绿色特征的项目不予开发建设，积极引导和鼓励用新理念、新创意、新技术推进新的城市项目建设，包括城市综合体、市政基础配套设施等，适时对老旧基础设施实施绿色化改造更新。四是树立城市也是自然界有机体的理念，将城市建设真正融入自然界生态系统中，既要积极构建完善的城市内部生态系统，也要注重将城市嵌入大自然生态系统中，使城市与自然和谐统一。五是树立绿色生活新理念，积极倡导居民绿色生活新风尚，引导居民在衣食住行等方面加快向简约适度、绿色低碳、文明节约方式转变。

（二） 构建生产、生活和生态有机融合的绿色新空间

切实重视并加强城市的空间规划布局，优化生产、生活和生态空间结构，重塑并形成城市绿色化的新型空间。在我国快速的城镇化进程中，城市空间拓展和项目布局建设，要么为了减少建设成本而刻板地遵循历史自发形成状态，要么受地方行政长官人为意志大肆干扰，我国大多城市空间布局在不同程度上都存在无序性、随意性、盲目性等不科学现象。例如：企业或产业项目分散布局、园区布局在上风上水位置、生态空间锐减和生态系统破坏严重、职住分离、城市新城无序大规模开发建设、城市贫民窟和城中村突出等，导致城市空间布局是非绿色和低效的，特别是由于城市空间布局不科学导致城市病现象普遍，例如交通朝夕流动拥堵、城市洪涝、城市温室效应、城市环境污染等。为此，要按照国家生态文明建设和主体功能区规划思想要求，充分尊重各地各城市的自然生态条件，积极调整和优化城市空间布局，促进生产空间集约高效、生活空间宜居适度、生态空间丰富多样，生产、生活、生态空间有机相容，形成绿色发展新空间。

（三） 因地制宜差异化各有特色地推进绿色城市建设

在我国上一轮快速城镇化过程中由于整体上缺乏科学规划和创意设计，加上各地在不同程度上存在追求"大、快"的城市建设思想，形成了千城一面的城市面貌。当前，推进绿色城市建设要加快从过去单一机械模仿型向特色创意型转变，按照城市的性质和功能定位以及其他科学规划导向，充分结合城市的历史文化、风土人情、地理环境、产业特色、空间现状以及发展阶段等，促使绿色城市建设做到有创意、有内涵、有特色、有个性并符合地区实际和人们的价值导向。例如，对经济发展水平较高的发达城市重点引导，在先进绿色技术研发与转换应用、绿色建筑及项目建设模式推广、绿色生产和生活现代化等方面取得突破和新进展；对于欠发达城市，重点引导并积极培育构建现代绿色产业体系以支持城市发展，同时加强空间布局的绿色化，并积极引导居民养成绿色消费习惯等。再如，对服务业主导型城市、工业主导型城市、老城老区、

新城新区以及其他各类有地域特色或特殊条件的城市要因地制宜、各有侧重、凸显特色和符合地区实际地推进绿色城市建设（见表9-3）。

表9-3　差异化推进绿色城市建设的思路

分类依据	类别	绿色城市建设重点	总体导向
发展水平	发达城市	绿色技术及模式、绿色现代化、绿色文化的率先突破和引领	绿色化导向、有创意、有内涵、有特色、有个性并符合地区实际和城市居民的价值意愿
发展水平	欠发达城市	绿色产业支撑、构筑绿色型空间结构、培育居民绿色消费习惯	
产业支撑	服务业主导型城市	服务业循环经济、绿色生活消费	
产业支撑	工业主导型城市	工业绿色化改造和转型升级	
建设阶段	老城老区	按照绿色城镇化和绿色城市理念调整优化和改造更新城市	
建设阶段	新城新区	因地制宜推进城市绿色发展导向的规划布局和城市建设	
其他	少数民族城市	民族文化特色和绿色发展相结合	
其他	山水生态城市	尊重自然生态与城市绿色布局建设	
其他	资源衰退型城市	产业绿色转型和绿色新兴产业导入	
其他	缺水干旱型城市	节水型的城市建设和产业引导	

（四）以城带乡统筹推进城乡绿色一体化发展

生态系统破坏和环境污染的外部性和外溢性客观上决定了需要统筹城乡生态建设和环境保护，从而避免城镇化城市建设发展对农村生态环境的破坏；同时，由于目前我国农村大部分地区受环境设施和管理滞后影响导致"垃圾围村"现象普遍等生态环境问题突出，统筹城乡绿色发展也具有现实迫切性。因此，绿色城市建设不仅仅局限在城区、镇区范围，而且要通过以城带乡促进城乡绿色发展一体化。一是要统筹城乡绿色发展和建设规划，通过规划引导将城市的生态环境设施建设和环境管理延伸到农村，旨在加强对农村地区的生态建设和生物多样性维护，积极开展对农村环境污染的综合防治。二是把生态农林业发展作为绿色城市建设的重要部分，实施田间地头绿色环绕工程，鼓励农村农民植树造林，加大农业生态示范园区、无公害农产品示范基地建设力度，把农林业发展作为绿色城市生态固碳和美化环境的重要途径。三是切实保障城乡饮用水安全。加大集中饮用水源地的保护，划定保护区，坚决取缔保护区内的排污口，拆除违章建筑，防止污染物进入水源地。四是防治农村面源污染。以村庄环境综合整治为切入点，以防治规模化畜禽养殖污染为重点，全面推进农村面源污染防治。五是推进实施建设一批绿色生态农村社区、绿色农林基地等生态细胞工程，与城区绿色小区、绿色园区及绿色企业等示范工程相呼应，构建城乡一体化的绿色发展示范建设工程体系。

三 绿色城市建设的重点任务

2014 年 3 月，中共中央、国务院发布的《国家新型城镇化规划（2014～2020 年)》明确提出要将生态文明理念全面融入城市发展，构建绿色生产方式、生活方式和消费模式，并指明了现阶段推进绿色城市建设的重点任务，包括绿色能源、绿色建筑、绿色交通、产业园区循环化改造、城市环境综合整治、绿色新生活行动等方面（见专栏 9 - 1）。

专栏 9 - 1 绿色城市建设重点

绿色能源 推进新能源示范城市建设和智能微电网示范工程建设，依托新能源示范城市建设分布式光伏发电示范区。在北方地区城镇开展风电清洁供暖示范工程。选择部分县城开展可再生能源热利用示范工程，加强绿色能源县建设。

绿色建筑 推进既有建筑供热计量和节能改造，基本完成北方采暖地区居住建筑供热计量和节能改造，积极推进夏热冬冷地区建筑节能改造和公共建筑节能改造。逐步提高新建建筑能效水平，严格执行节能标准。积极推进建筑工业化、标准化，提高住宅工业化比例。政府投资的公益性建筑、保障性住房和大型公共建筑全面执行绿色建筑标准和认证。

绿色交通 加快发展新能源、小排量等环保型汽车，加快充电站、充电桩、加气站等配套设施建设，加强步行和自行车等慢行交通系统建设，积极推进混合动力、纯电动、天然气等新能源和清洁燃料车辆在公共交通行业的示范应用。推进机场、车站、码头节能节水改造，推广使用太阳能等可再生能源。继续严格实行运营车辆燃料消耗量准入制度，到2020年淘汰全部黄标车。

产业园区循环化改造 以国家级和省级产业园区为重点，推进循环化改造，实现土地集约利用、废物交换利用、能量梯级利用，废水循环利用和污染物集中处理。

城市环境综合整治 实施清洁空气工程，强化大气污染综合防治，明显改善城市空气质量；实施安全饮用水工程，治理地表水、地下水，实现水质、水量双保障；开展存量生活垃圾治理工作；实施重金属污染防治工程，推进重点地区污染场地和土壤修复治理。实施森林、湿地保护与修复。

绿色新生活行动 在衣食住行游等方面，加快向简约适度、绿色低碳、文明节约方式转变。培育生态文化，引导绿色消费，推广节能环保型汽车、节能省地型住宅。健全城市废旧商品回收体系和餐厨废弃物资源化利用体系，减少使用一次性产品，抑制商品过度包装。

资料来源：《国家新型城镇化规划（2014～2020年）》。

（一）积极开发和推广应用绿色能源

我国煤炭资源丰富，石油和天然气资源却相对不足，总体上是一个"富煤、贫油、少气"的国家，这种资源禀赋结构决定了我国以煤为主的能源结构。同时，作为人口和经济发展大国，在快速城镇化进程中，我国一直以来都是能源消费大国，大规模化石能源的粗放式消耗产生并排放大量的温室气体特别是二氧化碳，总体上非绿色的能源消耗特征明显。近年来，为积极应对气候变化，我国政府非常重视减少能源消耗、提高能源效率以及对非化石可再生能源的开发利用①，针对可再生能源、能源节约、新能源应用等方面出台了一系列法律法规、政策文件等，对我国能源结构调整和能源节约起到重要的引导或指导作用。在现有低碳能源发展战略和政策框架下，为加快推进绿色城市建设，需要进一步支持和鼓励推广开发应用绿色能源，尽可能提高绿色能源的使用比重。

首先，树立绿色能源意识，尽可能提高非化石替代的绿色能源，包括清洁能源，如核电、天然气等，以及可再生能源，如风能、太阳能、生物质能等。其中，核能作为新型能源，具有高效、无污染等特点，是一种清洁优质的能源；天然气燃烧后无废渣、废水产生，具有使用安全、热值高、洁净等优势；可再生能源是可以永续利用的能源资源，对环境污染和温室气体的排放远低于化石能源，甚至可以实现零排放，特别是利用风能和太阳能发电，完全没有碳排放。其次，由于在当前技术水平和城市经济快速发展需求日益增长的背景下，绿色能源还不能完全取代碳基能源，需要通过技术创新提高能源利用效率、降低能耗使用规模等途径尽可能减少化石能源消耗所带来的排放问题。最后，积极推进绿色能源示范工程，包括推进新能源示范城市建设和智能微电网示范工程建设，依托新能源示范城市建设分布式光伏发电示范区；在我国北方地区城镇开展风电清洁供暖示范工程；在县城开展可再生能源热利用示范工程，加强绿色能源县建设等。

（二）实施建筑绿色化改造和推广新建绿色建筑

建筑物是人们从事各类生产、生活活动的重要载体，推进建筑绿色化是绿色城市建设的重要体现方式和内容，目前也已逐渐成为国际建筑界的主流趋势，在我国表现为起步晚、发展快的特点。"十一五"时期以来，国家相关部门制定并出台了不少直接或间接引导绿色建筑发展的工

---

① 根据国家发展改革委宏观经济研究院《低碳发展方案编制原理与方法》教材编写组著的《低碳发展方案编制原理与方法》第 224～225 页：化石能源，指由古代生物的化石沉积而来，以碳氢化合物及其衍生物组成的能源形成，主要包括煤炭、石油、天然气及其能源制成品；非化石能源，指除煤炭、石油、天然气以外的能源，主要包括核能、水能、风能、太阳能、生物质能、地热能及海洋能等可再生资源。

作方案、实施意见、规划文件等（见专栏 9 - 2），加速了传统的非低碳型建筑方式的绿色转型。

专栏 9 - 2　近年来国家出台绿色建筑相关的政策文件

2007 年 5 月，国务院发布《关于印发节能减排综合性工作方案的通知》（国发〔2007〕15 号），提出"严格建筑节能管理"。要求：大力推广节能省地环保型建筑；强化新建建筑执行能耗限额标准全过程监督管理，实施建筑能效专项测评，对达不到标准的建筑，不得办理开工和竣工验收备案手续，不准销售使用，所有新建商品房销售时在买卖合同等文件中要载明耗能量、节能措施等信息；建立并完善大型公共建筑节能运行监管体系；深化供热体制改革，实行供热计量收费。

2009 年 3 月，财政部、住房和城乡建设部联合发布《关于加快推进太阳能光电建筑应用的实施意见》（财建〔2009〕128 号），指出，推动光电建筑应用是促进建筑节能的重要内容，是促进我国光电产业健康发展的现实需要，是落实扩内需、调结构、保增长的重要着力点；为有效缓解光电产品国内应用不足的问题，在发展初期采取示范工程的方式，实施我国"太阳能屋顶计划"，加快光电在城乡建设领域的推广应用；对示范工程国家将实施财政扶持政策，并加快完善技术标准，推进科技进步，加强能力建设，逐步提高太阳能光电建筑应用水平。

2009 年 7 月，财政部、住房和城乡建设部联合发布《关于印发可再生能源建筑应用城市示范实施方案的通知》（财建〔2009〕305 号），称中央财政给予必要资金支持和引导积极推进开展城市示范，将有利于发挥地方政府的积极性和主动性，加强技术标准等配套能力建设，形成推广可再生能源建筑应用的有效模式；有助于拉动可再生能源应用市场需求，促进相关产业发展；可进一步放大政策效应，更好地推动可再生能源在建筑领域的大规模应用。

2010 年 2 月，住房和城乡建设部建筑节能与科技司发布《关于开展住房城乡建设系统应对气候变化战略和规划研究的通知》（建科合函〔2010〕18 号），要求，调查了解住房城乡建设系统应对气候变化

工作重点领域和碳排放情况，分析各重点领域对气候变化的影响以及减缓气候变化的潜力，研究住房城乡建设系统减缓和适应气候变化需解决的问题，提出住房城乡建设系统应对气候变化对策建议；研究内容包括十个重点领域，包括建筑业及相关产业（包括建筑施工、住宅产业、相关的建材业）、建筑节能与绿色建筑、可再生能源建筑应用、城镇供热、城市燃气、城镇供排水（包括中水回用和污泥处理）、城市生活垃圾、园林绿化、村镇建设、城市公共交通等。

2011 年 8 月国家住房和城乡建设部发布《建筑业"十二五"发展规划》，强调推进建筑节能减排。一是要严格履行节能减排责任。政府部门要认真履行建筑执行节能标准的监管责任，着力抓好设计、施工阶段执行节能标准的监管和稽查。各类企业应当自觉履行节能减排社会责任，严格执行国家、地方的各项节能减排标准，确保节能减排标准落实到位。二是鼓励采用先进的节能减排技术和材料。建立有利于建筑业低碳发展的激励机制，鼓励先进成熟的节能减排技术、工艺、工法、产品向工程建设标准、应用转化，降低碳排放量大的建材产品使用，逐步提高高强度、高性能建材使用比例。推动建筑垃圾有效处理和再利用，控制建筑过程噪声、水污染，降低建筑物建造过程对环境的不良影响。开展绿色施工示范工程等节能减排技术集成项目试点，全面建立房屋建筑的绿色标识制度。

2012 年 5 月，依据《中华人民共和国节约能源法》、《中华人民共和国可再生能源法》、《民用建筑节能条例》等法律法规要求，根据《国民经济和社会发展第十二个五年规划纲要》、《可再生能源中长期发展规划》、《"十二五"节能减排综合性工作方案》等规划计划，以及国务院批准的住房和城乡建设部"三定"方案、住房和城乡建设部"十二五"发展规划编制工作安排，住房和城乡建设部建筑节能与科技司制定了《"十二五"建筑节能专项规划》，明确指出推行低碳节能建筑的重点任务包括九个方面，一是提高能效，抓好新建建筑节能监管；二是扎实推进既有居住建筑节能改造；三是深入开展大型公共建筑节能监管和高耗能建筑节能改造；四是加快可再生能源建筑领域规模化应用；五是大力推动绿色建筑发展，实现绿色建筑普及化；六是积极探索，推进农村建筑节能；七是积极促进新型材料推广应用；八是推动建筑工业化和住宅产业化；九是推广绿色照明应用。

2013 年 1 月，国务院办公厅关于转发发展改革委、住房城乡建设部《绿色建筑行动方案的通知》（国办发〔2013〕1 号），指出主要目标：一是城镇新建建筑严格落实强制性节能标准，"十二五"期间完成新建绿色建筑 10 亿平方米，到 2015 年末 20% 的城镇新建建筑达到绿色建筑标准要求；二是对既有建筑节能改造，"十二五"期间完成北方采暖地区既有居住建筑供热计量和节能改造 4 亿平方米以上，夏热冬冷地区既有居住建筑节能改造 5000 万平方米，公共建筑和公共机构办公建筑节能改造 1.2 亿平方米，实施农村危房改造节能示范 40 万套，到 2020 年末基本完成北方采暖地区有改造价值的城镇居住建筑节能改造。同时，明确了重点任务，包括切实抓好新建建筑节能工作、大力推进既有建筑节能改造、开展城镇供热系统改造、推进可再生能源建筑规模化应用、加强公共建筑节能管理、加快绿色建筑相关技术研发推广、大力发展绿色建材、推动建筑工业化、严格建筑拆除管理程序和推进建筑废弃物资源化利用。

2014 年 4 月 15 日，住房城乡建设部发布"关于发布国家标准《绿色建筑评价标准》的公告"（第 408 号），正式批准《绿色建筑评价标准》为国家标准，编号为 GB/T50378 - 2014，自 2015 年 1 月 1 日起实施；原《绿色建筑评价标准》GB/T50378 - 2006 同时废止。

为此，在绿色城市建设过程中，应按照现有关于绿色建筑的相关政策意见、标准要求和行动方案，因地制宜积极推进建筑绿色化进程。具体的重点任务包括：一方面，以节能为重点实施老旧建筑的绿色化改造，推进既有建筑供热计量和节能改造，加快完成北方采暖地区居住建筑供热计量和节能改造，积极推进夏热冬冷地区建筑节能改造和公共建筑节能改造；另一方面，按照绿色建筑标准，加快提高新建建筑能效水平，推进建筑工业化、标准化，政府投资的公益性建筑、保障性住房和大型公共建筑全面执行绿色建筑标准和认证等。

在配套保障支撑措施上，一是在低碳建筑标准基础上加快建立健全绿色建筑标准体系。针对城市住宅、公共建筑、工业建筑等不同类型建筑，制定绿色建筑工程建设标准体系，在设计、施工、运行管理等环节落实绿色建筑强制性标准，制定、修订一批建筑节能和绿色建筑产品标准及绿色建筑技术标准，完善绿色建筑评价标准体系等。二是加强绿色建筑技术支撑。积极鼓励相关主体开展对绿色建筑、建筑节能的技术研究，搭建绿色建筑技术服务平台，完善以实际建筑能耗数据为导向的建筑节能技术支撑体系，实现绿色建筑设计、建造、评价和改造的一条龙技术服务支撑。加快建筑节能与绿色建筑共性和关键技术研发，重点攻克绿色建筑规划与设计、既有建筑节能改造、可再生能源建筑应用、节水与水资源综合利用、废弃物资源化、环境质量控制等方面的技术。定期编制和更新建筑节能与绿色建筑重点技术推广目录，发布技术、产品推广、限制和禁止使用目录。三是加强绿色建筑的综合监管，包括绿色建筑工程全过程的质量监管、绿色建筑服务的市场监管以及建立新建建筑绿色审批监管，即在城市规划和建筑项目立项审查中增加对建筑节能和绿色生态指标的审查内容；建立绿色施工许可制度，实行建筑绿色信息公示制度，鼓励各地区制定适合本地区的绿色建筑评价标识指南，建立绿色建筑全寿命周期各环节资格认证制度。四是强化政策，鼓励推进新老建筑全面绿色化。例如，加大财政专项资金支持对绿色建筑的力度，设立绿色建筑发展专项资金，重点支持绿色建筑工程及绿色建筑示范建设、既有建筑绿色化改造、政府办公建筑和大型公共建筑绿色监管体系建设等；引导金融机构对购买绿色住宅的消费者在购房贷款利率上给予适当优惠等。

（三）积极推行发展绿色交通运输方式

在快速城镇化过程中，我国城市交通运输业取得了蓬勃发展，同时交通业能耗及尾气排放也占我国全部能耗及大气排放的较大比例。由于城市交通拥堵以及雾霾天气对人们工作和生活的负面影响，目前加快推进绿色交通越来越受到社会各界的重视和大力推进。"十一五"时期以来，国务院、交通运输部门在引导我国交通绿色发展方面相继出台了一系列的指导意见、规划以及政策文件等，做了大量的推进工作，对我国交通运输业转型发展起到重要的推动作用。其中，2006 年，交通运输部成立城市节能工作协调小组，自此我国交通运输业发展进入重要的转折时期；2011 年，开始启动建设低碳交通运输体系试点工作，我国交通发展迎来了低碳化时代；2014 年，交通运输部发布了加快推进绿色循环低碳交通运输发展的指导意见，由此开启了绿色交通发展的新篇章（见专栏 9 - 3）。

专栏 9 - 3　节能绿色交通发展的相关政策

2006 年 11 月，交通运输部成立了节能工作协调小组，负责领导交通行业节能工作，研究制定相关规划、政策等，协调解决行业节能工作中的重大问题；到 2008 年 5 月节能协调小组调整为交通运输部节能减排工作领导小组。

2008 年 9 月，交通运输部发布《关于印发公路水路交通节能中长期规划纲要的通知》（交规划发〔2008〕331 号），其中，明确指出了公路水路交通节能的总体思路、主要任务、重点工程及保障措施。

2009 年 2 月，交通运输部发布《关于印发资源节约型环境友好型公路水路交通发展政策的通知》（交科教发〔2009〕80 号），指出"将资源节约、环境友好作为加快发展现代交通运输业的切入点，构建一个更安全、更通畅、更便捷、更经济、更可靠、更和谐的现代交通运输系统"。

2011 年 2 月，交通运输部发布《关于印发建设低碳交通运输体系指导意见》和《建设低碳交通运输体系试点工作方案》的通知（交政法发〔2011〕53 号），指出了我国建设低碳交通运输体系的总体思路、重点任务及保障措施等，同时明确低碳交通运输体系建设试点以公路、水路交通运输和城市客运为主，选定天津、重庆、深圳、厦门、杭州、南昌、贵阳、保定、无锡、武汉 10 个城市开展首批试点。同年 4 月，交通运输部正式印发的《交通运输"十二五"发展规划》，指出"以节能减排为重点，建立以低碳为特征的交通发展模式，提高资源利用效率，加强生态保护和污染治理，构建绿色交通运输体系"。

2012 年 6 月，国务院发布《关于印发节能与新能源汽车产业发展规划（2012—2020 年）的通知》（国发〔2012〕22 号），提出到 2015 年纯电动汽车和插电式混合动力汽车累计产销量力争达到 50 万辆，到 2020 年，纯电动汽车和插电式混合动力汽车生产能力达 200 万辆、累计产销量超过 500 万辆，燃料电池汽车、车用氢能源产业与国际同步发展。主要任务有：一是实施节能与新能源汽车技术创新工程，包括加强新能源汽车关键核心技术研究、加大节能汽车技术研发力度和加快建立节能与新能源汽车研发体系；二是科学规划产业布局，包括统筹发展新能源汽车整车生产能力、重点建设动力电池产业聚集区域和增强关键零部件研发生产能力；三是加快推广应用和试点示范，包括扎实推进新能源汽车试点示范、大力推广普及节能汽车和因地制宜发展替代燃料汽车；四是积极推进充电设施建设，包括制定总体发展规划、开展充电设施关键技术研究和探索商业运营模式；五是制定动力电池回收利用管理办法，建立动力电池梯级利用和回收管理体系，明确各相关方的责任、权利和义务，加强动力电池梯级利用和回收管理。

2012 年 9 月，住房城乡建设部、发展改革委、财政部联合发布《关于加强城市步行和自行车交通系统建设的指导意见》（建城〔2012〕133 号），旨在为促进城市交通领域节能减排，加快城市交通发展模式转变，预防和缓解城市交通拥堵，促进城市交通资源合理配置，倡导绿色出行，针对当前城市步行和自行车交通环境日益恶化、出行比例持续下降的实际情况，就加强城市步行和自行车交通系统的建设，提出指导意见。其中，在发展目标中指出，大城市、特大城市发展步行和自行车交通，重点是解决中短距离出行和与公共交通的接驳换乘；中小城市要将步行和自行车交通作为主要交通方式予以重点发展。到 2015 年，城市步行和自行车出行环境明显改善，步行和自行车出行分担率逐步提高。市区人口在 1000 万以上的城市，步行和自行车出行分担率达到 45% 以上；市区人口在 500 万以上、建成区面积在 320 平方公里以上或人口在 200 万以上、建成区面积在 500 平方公里以上的城市，步行和自行车出行分担率达到 50% 以上；市区人口在 200 万以上、建成区面积在 120 平方公里以上的城市，步行和自行车出行分担率达到 55% 以上；市区人口在 100 万以上的城市，步行和自行车出行分担率达到 65% 以上；其余城市，步行和自行车出行分担率达到 70% 以上。

2013 年 5 月，为推进绿色循环低碳交通运输发展，交通运输部发布《关于印发加快推进绿色循环低碳交通运输发展指导意见的通知》（交政法发〔2013〕323 号），明确了总体要求、主要任务及保障措施。其中，主要任务包括：强化交通基础设施建设的绿色循环低碳要求、加快节能环保交通运输装备应用、加快集约高效交通运输组织体系建设、加快交通运输科技创新与信息化发展和加快绿色循环低碳交通运输管理能力建设。

显然，积极推行高能效、低能耗、低污染、低排放的绿色交通运输发展方式，构建城市绿色交通运输体系是绿色城市建设的重要任务。具体地，现阶段需要从优先完善公共交通体系、推广应用绿色交通工具和推进交通工具绿色化改造、突出绿色交通技术支持以及提高绿色交通运输管理能力四方面重点开展工作。

一是优先完善城市公共交通体系。绿色城市规划建设要优先安排城市公共交通的发展空间，各城市要加快城市轨道交通、公交专用道、快速公交系统等大容量公共交通基础设施建设，加强自行车专用道和行人步行道等城市慢行系统建设，增强绿色出行吸引力，加快促进实现各种交通运输方式之间的零距离换乘，建立以公共交通为主体，出租汽车、私人汽车、自行车和步行等多种交通出行方式相互补充、协调运转的城市客运体系。同时，优化城市客、货运站布局和建设，积极构建衔接顺畅、高效便捷的货运站服务体系，加快提高城市货运行业管理水平和信息化程度，推进实施"绿色货运"项目。

二是积极鼓励和支持使用绿色交通工具和推进交通工具绿色化改造。积极推广应用高能效、低排放、清洁节能的交通运输装备，淘汰高能耗、高排放的老旧交通运输装备。加快发展新能源、小排量等环保型汽车，加快充电站、充电桩、加气站等配套设施建设，积极推进混合动力、纯电动、天然气等新能源和清洁燃料车辆在公共交通行业的示范应用。推进机场、车站、码头节能节水改造，推广使用太阳能等可再生能源。继续严格实行运营车辆燃料消耗量准入制度，加快淘汰全部黄标车。积极推广应用绿色维修设备及工艺。

三是突出科技对绿色交通运输工具的支撑作用。加强绿色循环低碳交通运输科研基础能力建设，支持建设交通运输绿色循环低碳实验室、技术研发中心、技术服务中心等技术创新和服务体系建设。加快推进基于物联网的智能交通关键技术研发及应用、交通运输污染事故应急反应与污染控制的关键技术研究及示范等重大科技专项攻关，实现重大技术突破。推进交通运输能源资源节约、生态环境保护、新能源利用等领域关键技术、先进适用技术与产品研发。推进绿色循环低碳交通运输技术、产品、工艺的标准、计量检测、认证体系建设。

四是提高绿色交通运输管理能力。完善绿色循环低碳交通运输法规标准，在交通基础设施设计、施工、监理等技术规范中贯彻绿色循环低碳的要求，推进行业节能减排标准规范的制定。加强交通运输装备排放控制，严格落实交通运输装备废气净化、噪声消减、污水处理、垃圾回收等装置的安装要求，有效控制排放和污染；加强交通运输污染防治和应急处置装备的统筹配置与管理使用。推进完善绿色交通统计及发展考核体系，包括完善绿色循环低碳交通运输统计监测体系、建立健全城市客运节能减排及绿色交通发展等目标责任评价考核制度等。

（四）突出绿色产业发展对城市的支撑作用

长期以来，我国快速的工业化和城镇化基本依赖高消耗、高排放、高污染的粗放型产业发展支撑，随着城市环境问题的日益严峻，我国迫切需要进行城市转型发展，过去非绿色型的产业发展模式已经难以为继。因此，需要促进产业低碳、绿色、环保、循环发展，加快构建资源节约、环境友好型的现代绿色产业体系，以有效支撑城市转型发展和绿色城市建设。

一是培育壮大绿色新兴产业。通过发展新技术、新产业、新业态、新模式，以节能环保、新一代信息技术、生物、高端装备制造、新能源、新材料、新能源汽车等国家鼓励发展的战略性新兴产业为主导，积极培育发展绿色新兴产业，减少对资源能源消耗的依赖，降低污染排放，增强科技对产业的支撑作用，通过新兴产业的壮大，提升产业档次，推动传统产业改造和转型升级。

二是积极发展绿色服务业经济。随着新型城镇化的深入推进以及城市消费结构的加快升级，服务业日益成为支撑现代生产和生活的重要条件。显然，服务业经济是城市经济的重要组成和支撑部分，相比工业部门服务业其对资源消耗和污染排放相对较少，积极发展现代服务业是支撑城市绿色发展的必然选择。一方面，从完善和提升城市功能的角度，完善生产和生活性服务产业，积极培育新兴服务业态，不断壮大城市服务业经济规模。另一方面，按照绿色经济发展要求，通过先进适用技术的积极应用、现代管理方法的灵活运用以及现代绿色消费方式的转变等多种方式，加快促进服务业的绿色化改造升级。

三是严格淘汰非绿色的落后产能。按照国家规定及重点用能行业单位产品能耗限额标准，严格淘汰浪费资源能源、污染严重的企业和落后的生产能力、工艺、设备及产品。积极推行能耗限额管理及节能对标管理，把节能评估审查作为固定资产投资项目的前置条件，强化项目审批问责制，确保固定资产投资项目能耗水平达到能耗限额标准及相关要求。根据国家产业政策，对高耗能、高排放、高污染工业项目按照行业准入条件严格把关，对非绿色的项目严格禁入。

四是以绿色发展为导向发展大循环经济。按照减量化、再利用、资源化的基本要求，围绕主导优势产业和龙头企业，依托各类园区，积极延伸上下游产业链，强化横向配套和纵向关联，积极培育循环经济产业链条，推进循环经济从企业内部资源高效循环利用模式的"小循环"向企业之间资源循环利用耦合模式的"中循环"以及建立循环型社会模式的"大循环"转变。其中，在工业循环经济方面，突出以国家级和省级产业园区为重点，推进产业园区循环化改造，实现土地集约利用、废物交换利用、能量梯级利用，废水循环利用和污染物集中处理，推进企业间、行业间、产业间共生耦合，促进企业循环式生产、园区循环式发展、产业循环式组合，构建循环型工业体系。在农业循环经济上，依托农业龙头企业，完善种养殖生态产业链，实现废弃物完全资源化利用模式，推进秸秆饲料化、肥料化、能源化、原料化、基料化，积极构建农林牧渔相关联、种养加一体化、粮经饲相结合的大农业循环经济。在服务业循环经济方面，加快推进服务主体绿色化、服务过程清洁化，促进服务业与其他产业融合发展，充分发挥服务业在引导人们树立绿色循环低碳理念、转变消费模式方面的积极作用；通过大力回收和循环利用服务业和居民生活各种废旧资源，建立和完善再生资源回收利用体系，加快构建完善城乡生活垃圾、再生资源回收再利用循环经济产业链的形成与发展。

（五）切实加强城市生态建设和环境污染防治

快速城镇化进程中大规模的城市建设、人口集聚和产业发展，特别是城市水泥地连片化、建筑物林立、生产生活污染物排放等，对城市生态环境的影响大多是不可逆的。为此，需要从发展角度来推进城市生态建设和环境污染防治。一方面，对于长期以来由于非绿色的粗放型城市发展导致的生态系统破坏和环境污染的负效应累积结果，要加大生态建设和综合治理工作；另一方面，要立足当前转型发展和着眼未来绿色发展的总体要求，需要增加对生态系统维护和环境保护的投入。具体地，需要重点推进以下几方面工作。

一是污染治理和环境保护。针对城市大气污染特别是雾霾严峻问题，推进实施清洁空气蓝天工程，强化大气污染综合防治，明显改善城市空气质量。针对垃圾围城现象，实施城市亮化美化工程，开展存量垃圾治理和存量垃圾管理工作，通过完善垃圾回收利用设施及服务体系，加强垃圾回收利用管理，根本性改善城市面貌。针对城市水污染严重问题，实施安全饮用水工程，统筹治理地表水、地下水，加强生产和生活活动对水污染的源头管理，对污染性城市河流通过工程性、生物性等多种方式切实改善流域环境，实现水质、水量双保障。

二是生态修复维护和建设。城市大规模建设不可避免地带来生态系统破坏、生物多样性减少。为此，一方面，对于生态破坏特别严重的区域需要加强生态修复和维护投入；另一方面，要制定实施生态红线制度，对城市再开发或新项目建设要设置准入门槛，严格对生态系统的保护，尽可能减少生态系统破坏。针对矿产资源开发和冶炼集中区，要实施重金属污染防治工程，推进重点地区污染场地和土壤修复治理。另外，突出城市生态功能区和生态空间建设，对城市湿地、公园、生态廊道、各类绿化带等生态支撑斑块实施保护、修复和建设工程，建设点、线、面有机结合，覆盖全域的城市绿地生态体系。

三是加强生态环境预警监测能力建设。增强环境预警监测人员队伍建设及设备配备，建立健全生态环境动态监测预警机制和责任追究机制，健全环境污染突发事件防范和应急处理机制，不断提高有毒化学物品泄漏、突发疫情医疗废物等应急处置能力，实施环境风险全过程管理。建立水资源环境承载能力监测评价体系，健全水污染防治责任追究和水安全预警制度，严格城市入江入河污染物总量控制和排污口水质监测，定期发布流域横断面水质监测信息，增强突发性水污染事故的应急处置能力，防范水环境风险。加强城市大气环境监测，加密建设臭氧、PM10、PM2.5、二氧化硫、二氧化氮等因子实时自动监测的点位，特别加大对工业废气、城市扬尘污染和机动车尾气污染的监测力度。

（六）全面倡导和践行绿色新生活、新风尚

人的理念和行为方式上的绿色化是绿色城市建设的内在动力。在过去物质短缺时代，经济发展的主要目标是解决温饱问题，人们对生活环境的保护和环境质量的追求并不迫切，更谈不上绿色消费和绿色生活。随着城镇化的深入推进，居民消费结构的逐步升级，人们日益关注生态环境和健康，在这种背景下，绿色生活日益备受关注和崇尚，但是绿色导向的消费理念、消费观念、消费环境等的转变不能一蹴而就，需要加强引导，通过推进绿色城镇、绿色社区、绿色园区、绿色单位、绿色学校、绿色家庭等绿色示范载体建设，在衣食住行游等方面，加快向简约适度、绿色低碳、文明节约方式转变，促进居民生活绿色化转型。

一是加强绿色公共宣传，增强绿色意识。充分运用各种宣传渠道，包括报纸、广播、电视、网络等进行绿色宣传，增强各类社会主体的绿色意识，在全社会普及绿色理念，构建绿色价值理念。通过文字、图片、影像及观众互动等多种形式、方式和渠道，宣传绿色发展、绿色生活的科学知识、常识及政策等，让居民了解和认识绿色发展的背景、健康的意义和紧迫性。定期和非定期开展绿色生活宣传日和主题活动，掀起一股推广绿色生活方式和消费模式的热潮，倡导文明、节约、绿色、低碳消费理念，让居民真正意识到绿色生活的价值所在。

二是加强教育培训，规范低碳行为方式。要开展多种类型、不同层次的绿色生活教育和培训班。目前，越来越多人意识到低碳、绿色生活的重要性，但是在日常工作和生活中如何实践绿色行为，如何科学有效地践行绿色生活方式，仍然存在一定的技术性障碍。为此，政府部门需要积极牵头，通过政策和资金引导，支持官办和民办、公益性机构等多投资主体开展绿色教育培训课程，让更多人不仅树立起绿色环保意识，而且学会如何践行绿色生活。

三是加强政策引导，引导居民积极参与。对积极参与低碳、绿色行动的个体、单位给予荣誉称号、奖金、积分优惠等不同方式的鼓励，引导广大居民参与各种类型的低碳、绿色与环保活动，包括垃圾分类、减少使用一次性产品等。相反，对不同情节的非绿色行为要通过批评教育、罚款甚至刑事处罚等不同方式实行处罚。同时，国家财政可通过补贴或税收减免等方式，积极鼓励企业生产低碳、绿色型产品，抑制商品过度包装等。总之，积极发挥多种政策手段，引导全民参与绿色消费、践行绿色生活，形成绿色生活风尚。

四是完善设施配套，推进绿色社区建设。运用规划、科技、管理等多种手段，致力于绿色社区建设。其中，重点要完善配套设施。例如，推广建设节能省地型绿色社区，社区提供公共租用自行车，实行"绿色交通计划"，倡导健康环保的生活方式，提倡在生活圈内步行、骑自行车等；建成以居住区公园为中心，街头公园、绿色走廊为骨架，组团绿化为主体的绿地体系；在社区、医院、酒店、会所、办公楼、游泳馆等公共建筑中，推行采用水源热泵技术和太阳能热水技术；健全城市废旧商品回收体系和餐厨废弃物资源化利用体系，在社区科学规划建设生活垃圾分类回收及生化处理机房等。

五是健全市场化机制，强化绿色服务支撑。通过财政、税收、金融、土地等优惠政策，积极引导为低碳生活提供技术指导、咨询服务、评估监测、绿色低碳产品供给和安装等的服务业发展。现阶段，节能环保服务业已经有了一定的发展，但大多是为工业企业服务，专门为居民生活提供有针对性的指导和服务的企业或社会组织还不多，因此要大力鼓励和引导这类服务机构的发展。可以探索构建以政府政策扶持引导、企业市场化运作、社会组织等非营利性机构积极参与、城乡社区服务站配合支撑等为一体的多方联动的方式，促进为居民提供绿色低碳生活服务的服务业发展壮大，推动绿色生活蔚然成风。

四　绿色城市建设的保障措施

以国家生态文明战略为指导，按照绿色城镇化战略思想部署，加强顶层设计和规划引导，建立健全绿色决策与治理机制，强化科技的支撑作用，加强绿色城市动态监测，积极推进在全国开展绿色示范城市建设。

（一）加强绿色城市建设的顶层设计与规划引导

从国家层面看，绿色城市建设需要有顶层设计，建议国家发改委、住建部等相关部门联合出台《关于绿色城市建设的指导意见》，对推进在全国层面开展绿色城市建设提出具体实施意见，明确总体方向、基本原则、重点任务、配套政策、保障措施等，支持和鼓励全国各地开展绿色示范城市建设。各省区在国家指导意见的框架下，根据地区发展情况，出台各省区绿色城市建设的推进意见和行动计划。各城市积极推进绿色城市建设，围绕绿色城市建设的重点任务，科学编制具有地区特色的个性化的《绿色城市发展规划》，对绿色城市建设加以引导和约束。

（二）在全国积极推进绿色示范城市建设

在低碳城市、生态城市、生态文明先行示范区等与绿色城市有关的试点工作基础上，国家发政委、国家建设部、环保部等部门联合推动在全国开展绿色示范城市建设试点工作，努力打造一批绿色城镇化的标杆性、样板性工程。重点在以下几方面开展探索示范：一是绿色发展及绿色城市建设差异化模式；二是绿色城市规划与空间优化；三是绿色科技，包括绿色新技术、新设计、新标准、新工艺等研发及应用推广；四是绿色产业及循环经济发展；五是建筑绿色化改造与绿色建筑推广；六是以交通为重点的基础设施绿色化改造与绿色新型基础设施建设；七是绿色文化与绿色生活新风尚；八是绿色政策及体制机制创新等。

（三）　建立绿色决策和绿色治理机制

建立以绿色发展为导向的决策机制，将绿色发展目标融入政府决策、政绩考核中，让绿色发展理念积极融入城市规划、设计与建设过程中，鼓励各级政府探索组建高规格的绿色咨询与决策委员会，对重大项目、重大战略布局、城市规划等施行绿色咨询决策委员会投票制度。同时，从制度上设计产业发展、基础设施建设、土地开发、项目建设等方面的绿色治理机制，例如对产业项目设置以生态环保为重点的绿色门槛、对基础设施要求执行绿色技术及工程建设标准、对土地开发及项目建设设置绿色评估制度等，对不符合或不达标的非绿色型的城市开发建设行为予以禁止。积极探索构建以政府部门为引导、各类社会主体为主导的绿色城市治理机制，加快推动绿色城市建设的现代化进程。

（四）　切实提高科技对绿色城市的支撑作用

着力强化先进适用科技在绿色城市建设中的支撑作用，围绕绿色城市建设的重点领域，加强科技研发投入及其成果转化和应用推广。例如，在能源领域，既要不断推进传统化石能源低碳高效利用技术的更新与应用，也要积极开展绿色新能源核心技术的攻关。在产业领域，重点围绕国际前沿领域的新科技、新业态和新模式不断取得新突破，通过科技创新加快构建以战略新兴产业为主导的绿色型现代新兴产业，同时不断提升循环经济技术，促进传统产业循环化改造升级。在建筑、交通及其他基础设施建设领域，围绕绿色化改造技术和绿色应用技术加强基础性研究和攻关性研究。在生态建设和环境保护领域，着力开发能满足不同需求的技术。例如绿色生物技术、各类污染物综合防治技术、废弃物回收及资源化利用技术、零排放和零污染技术等。另外，针对便民化服务，积极开展衣食住行等生活领域以绿色科技为支撑、绿色生活模式为引导的综合创新。

（五）加强绿色城市统计与动态监测

加强理论和案例研究，在科学界定绿色城市的内涵与外延的基础上，加快构建以绿色发展为导向的绿色城市建设指标体系，既包括符合我国城镇化国情的一般性指标，也包括充分反映各地区特点的个性化指标。依据绿色城市建设指标，一是要加强与之相对应的统计工作，为绿色城市发展提供更加充分、连续性的表征数据；二是将绿色城市指标体系作为发展目标，既为政府各部门提供目标引导，也是政绩考核的重要依据；三是以绿色城市统计数据为基础，积极应用地理信息等相关技术，探索构建绿色城市动态跟踪监测与预警模拟系统，对绿色城市建设与发展实施动态监测管控。定期和不定期地向社会公开绿色城市动态监测数据等信息，并开展相应的评估评价，通过加强绿色城市统计与动态监测，既可为政府部门、企业、社会组织提供决策参考，也为其他各类社会主体践行绿色行为、方便公众监督提供信息依据。

第十章　构建绿色崛起新版图：积极推进城市群绿色发展

城市群是城镇化向高级化阶段演进的必然形态，对一个地区或国家发展起到重要的支撑作用。随着我国城镇化的深入推进；城市群已经成为我国现阶段新型城镇化的主体形态，正日益成为大量新增城镇人口及产业集聚发展的重要载体，城市群区域生活活动和生产活动的高度集聚使得生态环境发生巨大变化。近年来，在我国京津冀、长三角、珠三角等城市群区域出现的大面积雾霾天气、地面下沉、城市内涝、城市热岛等生态环境问题，在很大程度上是长期以来我国非绿色城镇化导致的环境负效应累积的结果。为此，现阶段在我国加快推进城市群绿色发展既是在城镇化高级阶段对非绿色城镇化模式的纠正和转变，又是全面推进生态文明建设、构建绿色发展与繁荣国土新版图的战略需要。

一　从城镇化形态演进看城市群绿色发展

城市群的形成和发展受经济、社会、文化、自然等多种复杂因素的综合影响，本质上是城镇化从低级形态向高级形态演化的必然趋势。从承载人口空间看，城市群从无到有、从发育到成熟的形成过程实质是人口聚集区空间结构的高级化演变过程，大体经历"乡村、集镇、一般性城市（含大中小等级）、大都市区和城市群"五个重要形态的发展阶段。在乡村阶段，村落分散布局，功能上以农耕生产为主；进一步，通达性较好的村落结合部零散形成人口相对集聚的集镇，集镇功能以农产品贸易为主；随后，部分集镇非农生产规模不断扩大，逐渐地大中小不同等级的一般性城市成长起来，城市日益成为辐射区域经济、文化、行政管理的中心；少部分条件好的城市进一步发展壮大成为要素集聚能力较强、经济较为发达、人口集中的大城市；当大城市发展到一定阶段，其辐射扩散能力不断增强，并带动与周边地区包括卫星城市、郊区、新城等区域一起连片发展，继而形成了大都市区（又称大都市圈）；当大都市区核心大城市与次中心城市及外围城市之间双向联系日益紧密、城际网络性及整体开放性不断增强，城市群形成并日益成为区域性或国家级的重要增长极；应该说，城市群的形成就是农业经济、工业经济向知识经济时代演进过程中城镇化形态的高级化过程（见图 10 - 1）。

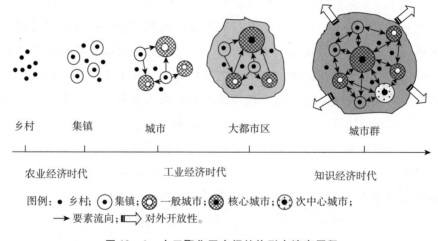

图 10 - 1　人口聚集区空间结构形态演变历程

　　其中，大都市区与城市群的区别在于前者侧重表征某个大城市对周边城市的辐射影响，后者则强调等级鲜明、功能各异的城市群体之间的关联作用以及对外的整体开放性（见表 10 - 1）。显然，城市群在形成过程中总体呈现以下基本特征：一是人口空间集聚形态由低级向高级演变；二是城市群内部城际关系程度由松散逐步向紧密演变；三是城市群内部城际分工协作逐渐走向成熟；四是城市群城镇体系规模和功能结构趋于完善；① 五是城市群的整体开放性不断提高。值得说明的是，并不是所有大都市区都会发展成为城市群；另外，城市群可进一步划分为发育型、

---

　　①　刘静玉、王发曾：《城市群形成发展的动力机制研究》，《开发研究》2004 年第 6 期。

成长型和成熟型，其划分的依据在于城市群区域城际的一体化程度（即表征城际网络紧密度、整体开放度等），包括要素市场一体化、产业协作一体化、空间布局一体化、基础设施一体化以及基本公共服务一体化等方面。为此，在城镇化的不同阶段，绿色城镇化的推进重点任务和方式具有差异性。显然，从城市群形成过程看，城市群绿色化是绿色城镇化的本质要求，从绿色城市建设到绿色城市群发展具有客观趋势性，也是知识经济时代城市群现代化和向更高端形态演进的必然选择，绿色城市群势必成为绿色城镇化的主体形态。

表 10 – 1　人口聚集区空间演变及主要特征、功能

发展阶段	英文表达	主要特征	功能
乡村	Village	村落分散布局	农耕生产
集镇	Town	通达性较好的村落结合部零散形成人口相对集聚的集镇	集中交易（农产品贸易为主）
一般性城市（大中小等级）	City	部分条件好的集镇快速成长，发展成为一定规模人口集聚的非农业生产区	辐射村镇的经济、文化、行政管理中心
大都市区	Metropolitan Area	少部分条件好的城市进一步发展壮大成为要素集聚和辐射能力较强的大城市，并与周边地区（卫星城市、郊区、新城）连片发展	辐射周边村镇及城市区域的经济、文化、行政管理中心
城市群	Urban Cluster	人口总规模大、城镇体系完善、交通网络体系发达、产业集群化发展、经济体系高度开放的高级形态的城镇化区域	区域性、国家级、世界级的经济增长极

二　我国城市群发展的总体态势及绿色化要求

随着我国城镇化的深入推进，农业转移人口市民化进程的加快，城市群作为我国城镇化的主体形态，正成为大量新增城镇人口及产业集群发展的重要载体。当前我国城市群发展的空间总体格局基本形成，一批世界级、国家级和区域级城市群正加快崛起，位于东部沿海地区的"长三角"、"珠三角"和"京津冀"三大城市群发展相对较为成熟，这些城

市群规模结构趋于稳定或内部结构呈均衡增长态势，将进一步趋向高级化发展，有望在绿色科技、城镇化绿色治理、生态文明制度创新等方面走在全国前列；中西部及东北地区也有一大批以省会城市为核心的大都市区正不断向高级化发展，部分已经具有城市群的基本雏形，不过处于发育、成长阶段的城市群发展面临诸多挑战，特别是城镇化绿色转型压力大。为此，客观判识我国城市群发展的总体态势有利于更加有针对性地推进城市群绿色发展。

（一）群雄并起：多级别城市群加快培育成长

城市群的快速崛起已经成为中国区域经济增长的新引擎。从长期看，单一依靠一两个地区来带动中国经济持续、稳定、高速增长已经行不通，中国经济发展和城镇化人口承载将更多依赖以城市群为载体的增长极。这意味着，除了进一步提高相对成熟的珠三角、长三角、京津冀三大城市群的人口承载力之外，随着中西部地区承接产业转移、人口回流、小城镇建设步伐的加快，在一些环境条件较好、生态承载力较强、人口聚集到了一定规模、各种资源与要素比较丰富的地区，也有望培育一批新兴的城市群。

从国家战略层面看，已经有多个规划文件直接提到要按照差异化路径加快在全国培育发展城市群。例如，根据《全国主体功能区规划》，我国将构建以陆桥通道、沿长江通道为两条横轴，以沿海、京哈京广、包昆通道为三条纵轴，形成"两横三纵"的城镇化战略格局。一方面，推进环渤海、长江三角洲、珠江三角洲地区的优化开发，形成三个特大城市群；另一方面，推进哈长、江淮、海峡西岸、中原、长江中游、北部湾、成渝、关中－天水等地区的重点开发，形成若干都市圈甚至新的国家级或区域性的城市群。国家"十二五"规划纲要也提出要按照统筹规划、合理布局、完善功能、以大带小的原则，遵循城市发展客观规律，以大城市为依托，以中小城市为重点，逐步形成辐射大的城市群，在东部地区逐步打造更具国际竞争力的城市群，在中西部有条件的地区培育壮大若干城市群。《国家新型城镇化规划（2014～2020年）》进一步明确指出："根据土地、水资源、大气环流特征和生态环境承载能力，优化城镇化空间布局和城镇规模结构，在《全国主体功能区规划》确定的城镇化地区，按照统筹规划、合理布局、分工协作、以大带小的原则，发展集聚效率高、辐射作用大、城镇体系优、功能互补强的城市群，使之成为支撑全国经济增长、促进区域协调发展、参与国际竞争合作的重要平台；优化提升东部地区京津冀、长江三角洲和珠江三角洲等城市群，培育发展中西部地区成渝、中原、长江中游、哈长等中城市群。"

从长远发展看，环渤海城市群（含辽中南城市群、京津冀和山东半岛城市群）、长三角城市群、珠三角城市群以及正在兴起的长江中游城市群（含武汉城市圈、长株潭城市群、环鄱阳湖城市群等）的地理区位、经济总量、人口规模、综合创新等方面在我国经济社会发展中均占据战略地位，将来有望发展成为有国际影响力的世界级超大城市群。与此同时，沿大江大河和陆陆交通干线将会形成若干条支撑国家发展的新经济支撑带，包括东部沿海经济带、京哈京广经济带、包昆通道经济带、长江经济带、龙海兰经济带、珠江西江－北部湾经济带等，在这些经济带上还将有一批国家级或区域性的城市群逐渐成长发展起来，和世界级城市群一起支撑着中国发展。世界级、国家级和区域性的城市群将在人口承载、经济增长、产业发展、科技研发等方面分别承担国际、国家及区域性的角色和责任。

（二）抱团发展：城市群体竞争愈演愈烈

随着区域一体化和城际协作的深化推进，城市抱团发展日益成为区域发展的新态势。因此，区域竞争也表现为各都市圈或城市群之间的群体竞争，而不单纯是过去那种单个城市之间的竞争。[①] 这种群体竞争主要体现在两个方面。一是以核心城市为引领的大都市区或城市群间的竞争。在区域一体化进程中，一批大都市区和城市群得到快速成长和发展，单个城市都被整合到区域性的大都市区或城市群之中，并承担特定的专业化功能。在这种情况下，整合各方面的资源和能量，发挥区域的

---

① 魏后凯：《我国产业园区发展趋势与展望》，《湖南财政》2008 年第 1 期。

整体优势，在区域一体化基础上以大都市区或城市群的竞争取代单个城市之间的竞争，就成为一种新的竞争态势（见图10－2）。在群体竞争时代，在参与较高层次的全国或国际竞争中，城市群的竞争力明显优于个体城市。

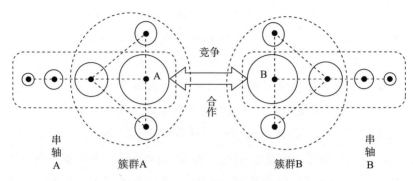

图 10－2　城市群体竞争发展模式

说明：A和B分别为两个城市群（串轴）的中心城市。

　　二是城市群产业链之间的竞争。在区域竞争中，企业作为参与区域竞争的微观主体，其竞争力大小在一定程度上决定了区域竞争的成败。为此，长期以来区域产业竞争主要表现为单个企业之间的要素争夺和技术竞争，但在城市群竞相成长过程中，过去那种依靠单个企业开展区域合作与竞争的方式已不再适宜。支撑城市群发展的区域性产业涉及上、中、下游各个环节，同时还有一些相关配合和支撑的产业，形成城际产业链或超大产业集群以支撑城市群之间的竞争。[1] 这样，随着区域竞争加剧和产业的链式发展，区域性的产业竞争开始由单个企业之间的竞争转向整个产业链的竞争（见图10－3）。在这种新的竞争态势下，城市群的竞争力并非完全取决于某一单个企业，而是取决于城市群区域整个产业链、产业集群的竞争优势。可以预见，未来区域产业将以城市群整个产业链来参与全国乃至国际竞争。

---

[1]　魏后凯：《构建面向城市群的新型产业分工格局》，《区域经济评论》2013 年第 2 期。

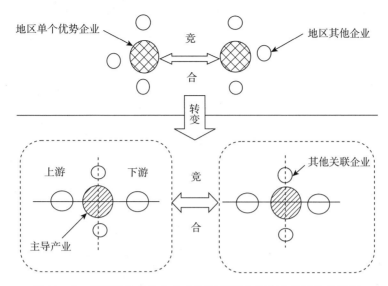

图 10 - 3 区域竞争从单个企业竞争到城市群产业链竞争的转变

（三） 柔性升级：城市群高级化演进加快

当前，新科技革命和管理创新共同驱动的信息化、智能化、低碳化、全球化等都将成为影响区域发展的新因素，[①] 传统的生产生活方式正发生着巨大变革，知识经济赋予城市群全新且更为丰富的内涵和高级化的发展形态。例如，新一代信息技术的快速发展构筑信息化时代、现代服务业快速发展带来全民休闲时代、高速运输工具的大发展带来高速通勤时代、以大数据为后台支撑的新型商贸模式带来网络经济贸易时代。[②] 显然，对城市群的未来发展而言，建立在智能化的高科技应用基础上的新知识经济时代，城市群规模效应、要素集散效应、产业分工与合作模式、人口迁移方式、资源配置路径都将会发生巨大改变。为此，在新经济、新技术背景下，城市群将趋于更加柔性化发展，至少发生以下方面的转变：一是长期以来大规模、粗放型的城市群发展方式将逐渐被淘汰，进而被精细化、高效率的发展模式取代；二是随着交易成本的大幅度降低，

[①] 易鹏：《学会多"留白"——新型城镇化的思考》，《腾讯大家》2013 年 9 月 9 日。

[②] 彭翀、顾朝林：《城市化进程下中国城市群空间运行及其机理》，东南大学出版社，2011。

产业组织的不断创新，传统的城市群城际间水平和垂直分工将进一步被细化，城市、企业及生产部门的专业化程度不断增强；三是各类经济要素的地位及流动方式都将发生结构性变化，资金、人才、技术等高级要素在城市群间的流动性加强，网络经济、休闲经济、服务经济、创意经济日益成为城市群新的经济形态和城际联系纽带；四是城市群城市之间的基本公共服务趋于均等化、社会管理日趋一体化，城市群成为高标准承载人口的区域空间形态，人们的归属感和幸福感日益增强。

（四）喜忧参半：城市群成长过程中效益与挑战并存

城市群的形成是城镇化过程中在具备先天条件的区域受要素流动的黏融效应、知识积累的柔性效应、产业分工的耦合效应和城市增长的共生效应四个关键驱动力的持续作用下，人口集聚的空间结构不断向高级化演进的过程，在这个过程中，政府、企业、社会组织和个人对城市群的反应在不同程度上也影响着城市群结构的变化；[①] 城市群的发育成长过程实质上就是要素资源高效配置、产业精细化分工和城市功能专业化、城镇规模等级体系完善以及区域经济、社会、人口、环境统筹协调发展的过程。一是通过发挥城市群要素流动的黏融效应，打破行政壁垒，建立区域一体化的要素市场，促进城际要素有规律地、高效率地互相扩散和渗透，有利于提高区域资源配置效率。二是通过强化城市群产业分工的耦合效应，引导生产力布局优化和生产部门错位协同发展，有利于促进大中小城市以及镇之间实现全产业链式、水平和垂直分工融为一体的精细分工与合作，推动产业集群化发展，并形成一批具有专业化功能城市。三是通过发挥城市群在成长过程中城市增长的共生效应，有利于优化生产生活生态空间结构，形成以核心城市为引领的城镇登记规模体系，实现城市群内部各城市共生共长、共同繁荣。四是通过不断强化城市群高级化中知识积累的柔性效应作用，有利于加强城市间人才交流和知识传播，进一步加快技术进步和管理创新的进程，不断提升城市群的核心竞争力，引导城市群区域经济、社会、人口、资源、环境统筹协调发展。

---

① 张燕：《城市群的形成机理研究》，《城市与环境研究》2014 年第 1 期。

然而，我国还处于市场经济不断完善的发展阶段，全国统一大市场尚未形成，地区间的行政壁垒依然存在，城市间产业恶性竞争严重，城市增长粗放，知识积累的步伐还比较缓慢，这些问题在不同程度上会阻碍更有效地释放和更有力地推动城市群成长的驱动效应。同时，城市群城镇也面临一些挑战，主要表现在：一是随着人口的高度集中，资源短缺、环境污染、各类灾害等危险也会伴随发生；二是随着城市间各类要素流动性的增强，农业转移人口增多、物流活动加剧、商务活动频繁等都对要素流动的顺畅性、安全性和稳定性等提出了更高要求；三是城市群中的核心城市与边缘城市、城市与农村之间发展不均衡问题导致非包容性发展等矛盾日益暴露，本地人口与外来人口之间发展机会、公共服务待遇不均等问题亟待改善；四是随着城际联系不断紧密，一些市场失灵的区域性公共问题不断涌现，由不同行政主体构成的经济区域由于缺乏明确的管理主体，生态环境保护、基础设施统筹布局建设、空间冲突等问题难以在短时内解决，从而制约城市群健康发展。

综上，城市群群雄并起反映了当前城市群作为我国城镇化主体形态的基本现状，城镇化绿色转型势必需要绿色城市群作为载体支撑；同时，多级别城市群兴起反映了在差异化的地域特征条件下和处于不同发展阶段的城市群，在城镇化绿色转型中扮演着不同的角色和作用。城市抱团发展反映了城市群体联动发展的基本态势，这就要求城市群绿色发展加强城际合作，朝着区域一体化方向提升城市群绿色化的整体性。城市群柔性发展趋势反映了要以创新为驱动力推动城市群向更高级形态演进，其中绿色形态和绿色化是城市群柔性发展的重要特征之一。现阶段我国城市群发展中效益与挑战并存，要求在推进城市群绿色发展过程中围绕绿色化需要并根据实际情况争取做到"趋利避害"。

三　我国城市群绿色发展的总体思路

绿色城市群是绿色城镇化的主体形态，推进城市群绿色发展需要全面构建全国生态文明新版图的战略思维，根据我国不同城市群的特点，因地制宜差异化谋划城市群绿色发展，通过加快建立健全城市群区域绿色治理体系，推进城市群崛起并以绿色化积极引领区域甚至全国现代化进程。

（一）以绿色城市群为主体形态构建全国生态文明新版图

当前我国已经进入全面推进生态文明建设、开创社会主义生态文明新时代的重要历史时期，要把生态文明建设融入经济建设、政治建设、文化建设、社会建设各方面和全过程，协同推进新型工业化、信息化、城镇化、农业现代化和绿色化，以健全生态文明制度体系为重点，优化国土空间开发格局，全面促进资源节约利用，加大对自然生态系统和环境的保护力度，大力推进绿色发展、循环发展、低碳发展，弘扬生态文化，倡导绿色生活，加快建设美丽中国，使蓝天常在、青山常在、绿水常在，实现中华民族永续发展。[①] 由于城市群是在我国国土空间上生产力布局的重点区域和生态文明建设的主要载体，因此，现阶段要以有力支撑美丽中国建设、构建全国生态文明新版图的战略思维加快在全国范围推进城市群绿色化发展，通过构建以不同地区、不同发展阶段、不同级别的城市群为载体的绿色发展空间，形成以生态文明为导向的国土绿色发展新空间支撑体系。

（二）按照差异化路径全面推进城市群绿色发展

我国国土空间的东西部差异明显，广袤的西部地区受自然环境影响，大多不宜开展大规模生产以及高强度地承载人口，而东中部地区的地理条件相对较好，可以有效地承载一定强度的城镇化和工业化活动。从目前城市群发育程度看，东部沿海的珠三角、长三角和京津冀三大城市群市场化程度较高、城镇体系较为完善、功能分工日益明晰、产业错位发展态势基本形成、对外开放性较强、知识创新能力较好、现代化的基础设施网络体系框架已经构筑，可以认为是相对比较成熟的城市群。相比之下，其他大多数城市群尚处于发育或快速成长阶段，这类城市群已经初具规模，城镇等级体系已经形成、中心城市有一定的集散辐射力，但

---

① 《中共中央国务院关于加快推进生态文明建设的意见》，2015 年 4 月。

与城市群的特征要求还相差甚远。因此，需要遵循城市群成长的阶段性规律，充分考虑区域经济社会发展水平的差异，针对处于不同发展阶段的城市群，因地制宜地引导实施差别化的发展战略，积极引导我国城市群差异化发展。

因此，推进城市群绿色发展需要充分依据城市群发展阶段、城市群所在区域条件等，在遵循城市群绿色化发展一般规律的基础上，因地制宜差异化地推进城市群绿色发展。例如，从发展阶段上看，对于发达地区的成熟型城市群，需要进一步发挥绿色发展的各种基础优势特别是充分利用好先进的技术条件，要代表国家积极抢占新一轮全球绿色革命的制高点，加快建设成为世界级的绿色城市群，成为全球绿色发展网络的重要节点和中枢，并积极引领其他城市群甚至全国的绿色发展；对于欠发达的培育成长型城市群，则需要提高绿色化标准，进一步夯实绿色发展基础，尽可能避免"先污染、后治理"以及城际间竞相追求经济增长而忽视生态环境保护合作的老路。从地域上看，对于平原、山地丘陵、盆地等不同地带的城市群，在生产生态和生活空间结构安排、生态建设和环境保护重点以及绿色基础设施建设等方面均需要充分尊重地形地貌以及气候特征等，不能机械式地采用同一个绿色发展模式。再如，对于建立在老工业基地上的东北辽中南城市群、哈长城市群，其绿色发展更多地需要聚焦在绿色产业体系构建、污染治理、矿区生态修复、绿色能源应用以及城市功能更新提升等重点任务上。

（三）加快构建区域绿色治理体系推进城市群绿色发展

区域治理是指针对一定类型的经济区域，如以中心城市为核心的大都市区或城市群，通过整合政府、企业和公众关系，充分发挥政府、企业和社会组织的作用，有效协调区域内部不同行政主体的关系，共同解决区域发展所面临的问题，促进区域协调可持续发展的一种机制。[①] 我国目前城市群生态建设和环境保护工作，总体上还处于各自为政的阶段。在以经济发展为政府政绩考核主要指标导向下，长期以来各行政区政府

---

① 汪阳红：《区域治理理论与实践研究》，中国市场出版社，2014。

把追求经济发展放在首位，因此经常出现例如上游污水排放下游承担流域治理、上风区域大气污染排放下风区域空气质量恶化等现象，从环境角度看城市群区域环境污染具有较强的外部性。近年来，随着京津冀协同发展、长江中游城市群建设等一批国家战略的启动实施，城市群区域生态文明共建机制正在加快建立并完善。从中长期看，要切实加强城际和跨行政区协作共赢，促进城市群区域可持续健康发展，需要加快构建现代化的区域治理体系，即围绕城市群区域的绿色发展这一重大主体，加快构建城市群区域绿色治理体系，把绿色发展作为不同地区或城市行政主体、企业主体、社会组织共同推进的目标，责任与风险共担，机会与成果共享。

（四）以城市群绿色化积极引领区域甚至全国现代化进程

从国家战略发展看，全面推进生态文明建设就是要加快形成人与自然和谐发展的现代化建设新格局。绿色发展是生态文明新理念下人们价值追求的更高要求，绿色生产、绿色能源、绿色基础设施、绿色建筑等具体领域本身就代表着现代化方向，显然绿色发展需要新理念、新技术、新的生产和生活方式、新的发展模式等来支撑，其本身就是现代化的重要表征。因此，以绿色化引领现代化既能满足人们对生态环境价值追求的内在需要，也能加快促进以技术进步为关键内容的现代化进程。显然，城市群是一个地区城镇化、工业化程度最高的区域，也是经济发达和科技水平较高的区域。以城市群绿色化引领区域现代化进程，既是城市群自身加快柔性升级向高级化演进的内在需要，也是城市群带动周边更大范围区域加快实现现代化进程的客观过程，更是加快促进我国到 21 世纪中叶基本实现现代化宏伟目标的战略需求。

四　推进城市群绿色发展的重点任务

按照绿色城镇化的战略思想，以绿色城市建设为重要支撑，围绕绿色型空间构建、绿色现代产业体系形成、生态联建和环境质量共保、区域性绿色化基础设施规划建设和全域绿色生活文化培育等重点任务，推进城市群绿色发展。

（一）　全域维度优化布局绿色化的生产、生活和生态空间

加快构建城市群绿色型的生产、生活和生态空间结构就是要求城市群经济活动、人口活动的布局要充分遵循自然生态和生产力布局规律，确保城市群区域人口活动与自然和谐统一，并充分满足人们对经济社会发展和生态价值的需求。一是要以城市群区域全域空间视角统筹谋划和布局生产、生活和生态空间，拒绝以某个单一城市为主导或一味要各城市自成体系地布局空间结构。二是划定和保护好跨行政区域生态空间，例如，以河流或干线公路两侧等为框架构成的生态廊道、以自然山脉为主体构成的生态功能区等，确保城市群保留好自然的生态空间，并不断提升生态空间的生态价值和生态功能。三是优化跨区域的生产力和人口布局，引导人口向城镇集聚、产业向重点园区布局，确保生产空间不挤压和不影响生活空间和生态空间，促进生产空间、生活空间与生态空间有机融合和相互支撑。

（二）　加快构建形成绿色现代产业体系

按照产业绿色转型和发展导向积极推进城市群构建绿色现代产业体系。一是积极培育区域性超大城市群。围绕主导产业，按照完善产业链和提升价值链的要求，推进城际产业合作与配套，促进专业化分工，构建区域性的超大城市群，实现产业间、部门间和业态间循环、配套和协作发展，既提高了产业经济效益，又能减少产业总体生产成本，促进资源节约和环境友好。二是协同开展绿色产业技术创新及推广应用。一般地，城市群区域创新资源丰富，知识积累和溢出效应显著，因此要加强城际合作，推进绿色产业技术包括生态环保技术、循环经济技术、新能源技术、节能减排技术等先进适用技术的创新，并积极在城市群区域推广应用，有效支撑绿色城市群建设。三是联合推进发展循环经济。以城市群区域资源为依托，协同推进垃圾回收和资源循环再利用，加快建立城市群再生资源回收网络。以各类产业园区为载体，加强园区循环化改造合作，全面推进城市群区域园区循环化改造。四是以新型城镇化深化

推进为契机，围绕服务新型工业化和人们生活消费新需求，积极培育壮大服务业经济规模，尽可能减少城市群区域经济增长对传统资源消耗和污染排放较高的工业业态的依赖。

（三）加强生态联建及环境质量共保

加强城市群不同行政主体和城市间的合作，共担生态环境保护的责任，按照区域一体化的思路推进城市群区域生态建设和环境保护。一是联合推进生态建设和生态系统维护，切实提高城市群区域生态系统的系统性和整体性。共同构筑以山体、水系、湿地、道路绿化带、农田林网等为主要框架的网络化生态屏障，统一建设标准并联合推进自然保护区、风景名胜区、森林公园和地质公园建设，共同编制城市群区域点、线、面交错布局的生态网络，共同保护生物多样性，增强城市群生态系统功能。二是加强环境污染联防联治。共同应对城市群区域生态环境问题，特别是大气污染、流域水污染、生活垃圾及各类固体废弃物的跨区域联合治理；加强环境准入与管理合作，统一城市群工业项目、建设项目环境准入和主要污染物排放标准，推进城市群区域环保信用体系建设；共同推进大气环境、水环境保护战略行动计划，协同控制各类污染物排放。

（四）统筹推进区域性绿色化基础设施的规划建设

按照一体化、绿色化、高效化、便利化的总体要求，统筹城市群区域性的交通、能源、水利等基础设施的规划和建设。例如，在交通基础设施建设上，要加快构建城市群区域一体化的绿色交通运输体系。加强建设跨区域公共交通系统包括公共汽车运营系统、城际轨道交通等的规划建设，推进共同交通卡城市群区域一体化联用；合理设置客货运站场，促进不同交通工具在城市群间和城市间的无缝对接，尽可能减少换乘次数和换乘方式；积极推广应用新能源汽车等绿色公共交通运输工具，例如积极鼓励和支持新能源公交车、新能源出租车在城市群区域的推广使用。在绿色能源方面，要构建城市群区域一体化的能源网络体系，合理布局能源点建设，完善跨区域油气管道和输电通道网络建设，因地制宜推进分布式能源发展，合作推动太阳能、风能和生物质能等新能源和可再生能源的开发与利用。在绿色水利方面，要从提高城市群区域水资源配置率、利用率，水安全以及水生态环境保护等角度，联合推进绿色水利基础设施建设；重点围绕水资源时空分布不均衡问题和切实保障城镇化用水需求，统筹城市群区域水资源分布及水利基础设施建设，加强跨区域防洪减灾、水生态保护和节水工程建设。

（五）共同倡导和推进人们践行绿色生活

城市群全域联合倡议推广绿色的消费和生活模式。加强城市群范围内各城市在绿色生活领域实践方面的经验、方法和模式的交流合作，鼓励各城市定期或不定期联合发起各种形式及相关内容的"倡议绿色低碳新生活"的活动，并联合制定"绿色低碳新生活行动计划"，促进已经取得成功且具有示范作用的绿色低碳生活新方法和新方式从单个城市内部向城市群全域推广应用，发挥更大的群体化效应，让绿色生活在城市群区域蔚然成风，让城市群群体性的绿色生活行为具有更强的区域性绿色文化特征。

五　促进城市群绿色发展的对策建议

按照生态文明建设的总体要求，以国家层面城市群绿色发展的顶层设计、战略引导为导向，以健全的城际绿色发展联动协调机制推进形成合力，不断完善城市群区域性绿色发展政策，加强动态监测评估，切实保障城市群加快绿色发展。

（一）国家层面加强战略指导与组织保障

一是要将绿色城市群理念积极融入城市群发展规划编制工作中。为深化推进新型城镇化战略，落实国家新型城镇化规划，目前国家层面正在加快推进跨省域的城市群发展规划编制工作；同时，全国不少省区根据自身新型城镇化发展需要也在积极推进省区内的城市群发展规划。建议在城市群规划编制中，将绿色城市群建设和发展理念贯彻其中或在适宜地区直接提出推进绿色城市群建设，鼓励进行城市群区域编制、城市群绿色发展和生态文明建设总体规划。二是指导协调跨行政区城际绿色建设重大事项。随着新型城镇化的深化推进和区域市场化一体化进程的加快，区域经济发展的"去行政化"特征日益显现，即跨行政区统筹谋划绿色发展具有时代特殊性和趋势性要求。因此，在省级层面跨行政区划的城市群绿色发展重大战略决策、重大工程安排、体制机制完善、区域性政策制定等方面，国家层面应通过多种方式和途径加强组织协调和引导；对于省区内部的跨行政区城市群绿色发展，重点加强方向引导和工作指导。

（二）建立健全城市群绿色发展联动协调机制

围绕绿色发展的重点任务加快建立健全城际绿色发展联动协调机制，包括绿色空间规划编制机制、绿色产业准入和协作机制、生态联建和环境质量共保机制、绿色跨区域基础设施协调建设机制、绿色生活联合倡导和示范推广机制等。其中，需要在城市群区域率先且重点加快推进建立健全生态联建和环境质量共保机制。例如，完善城市群环境污染联防联控和预警应急合作机制，共担环保责任，共同应对区域突发性生态环境事件；完善城市群区域的生态补偿制度，探索推进建立横向生态补偿机制，通过建立城市群生态补偿资金对生态功能区开展生态补偿；统一执法标准，建立环节监管执法联动机制，建立健全跨行政区的环境治理跟踪机制、协商机制和仲裁机制等，加强联合监管和纠纷调解工作；建立以大气、流域为主的污染物联合监测通报机制和城市间污染物排放互相监督机制等。

（三）制定城市群绿色发展区域性政策

按照绿色发展的基本导向和城镇化绿色转型的总体要求，城市群各城市通过联席合作等机制，加强政策研究和共同设计，加快联合制定符合和引导城市群绿色发展的适宜性的区域性政策。例如，在资金扶持和引导政策上，在城市群区域内加强对生态文明建设有贡献的重点项目或企业予以金融贷款支持、财政专项支持和税收优惠支持，推动建立以财政资金为主导的城市群生态文明建设专项扶持或引导资金。在土地政策上，探索建立城市群区域内土地指标跨城市占补平衡机制，对城市群区域绿色发展有益的城市或项目给予建设用地指标倾斜。在生态环境政策上，在环境评估门槛基础上严格制定城市群区域统一建设项目和产业项目的绿色准入门槛制度；在国家标准基础上进一步提高污染物排放标准，加快制定城市群区域统一的废气、废水和固体废弃物排放等环境标准。

（四） 加强对绿色城市群发展的第三方监测评估

城市群区域的人口密度和经济强度较大，对生态环境的影响具有区域连片性，特别是对生态环境破坏更为集中或严重。在我国现阶段，大城市病现象特别是雾霾天气、地面下沉、城市内涝、河流污染、热岛效应等环境质量严重恶化的区域往往都集中在城市群区域，例如这些环境问题在京津冀、长三角、珠三角、成渝等城市群区域都不同程度地存在。显然，加强对城市群区域绿色发展的动态监测和评估具有现实必要性。为此，建议可以委托第三方开展以生态环境监测为主的城市群绿色发展动态监测评估，及时总结城市群绿色发展的经验并积极推广，客观精准地揭露非绿色现象并提出建议和意见等。

第十一章　建立健全城镇化绿色
治理体系

党的十八届三中全会明确指出，要"全面深化改革的总体目标是完善和发展中国特色社会主义制度，推进国家治理体系和治理能力现代化"。[①] 因此，按照生态文明建设的总体要求，围绕绿色城镇化、绿色城市建设和城市群绿色发展的重点任务，加快构建城镇化绿色治理体系，推进城市和城市群区域的绿色治理，显然是国家治理的重要内容之一，加快提升城镇化绿色治理能力也是推进国家治理能力现代化的关键一环。

一　绿色治理相关概念的认识

（一）从"管理"到"治理"的转变

在我国行政方式主导下的地方或城市发展，长期以来突出"管理"特色，政府充当管家对地区或城市发展的各领域多采取自上而下的管控，体现较强的行政管理色彩。随着社会发展的逐步转型，政府职能加快转变，"小政府、大社会"更符合社会发展的需要，"治理"应运而生，即突出市场和社会力量，使各类主体积极参与到地区或城市管理中来，同时让地区或城市的发展更加体现群众意志和价值需求。应该说这是从"管理"到"治理"的转变，不仅是理念的转变，而且是社会管理方式、方法和模式的转变，正如习近平总书记所指出的："治理和管理一字之

---

① 2013年11月12日，中国共产党第十八届中央委员会第三次全体会议通过《中共中央关于全面深化改革若干重大问题的决定》。

差，体现的是系统治理、依法治理、源头治理、综合施策。"①相对于"管理"，"治理"更加强调多元化的行为主体，并且行为主体之间是平等的，是通过自上而下、自下而上和横向协调的互动协作机制，着眼围绕某一特定或综合性目标调动全社会各方力量持续推进的过程。

（二）区域治理与城市治理

1. 区域治理

区域治理是基于一定的经济、政治、社会、文化和自然等因素而紧密联系在一起的地理空间内，例如以中心城市为核心的大都市区或城市群等，依托政府、非政府组织、私人部门、公民及其他利益相关者等各种组织化的网络体系，通过整合各主体关系并充分发挥各主体的作用，有效协调区域内部不同行政主体的关系，共同解决区域发展所面临的问题，对区域公共事务进行协调和自主治理的过程；区域治理包含多元化的行为主体，包括政府部门、企业及社会组织，这些主体共同形成一个相互合作与分工的网络，承担不同的区域治理任务。②③ 显然，针对特定的类型区，围绕区域科学发展目标或者某一区域的公共问题，区域治理的过程能够积极发挥政府、企业、社会组织、个体等各类主体的行为作用，从而更有力、更有效地促进区域现代化或合力解决区域公共问题。

2. 城市治理

从发展趋势上看，随着新科技革命的不断演进，城市建设和发展更加依赖新技术、新模式的支撑；随着全球化和区域一体化的深化推进，城市日益成为一个开放性的空间载体；随着市场机制的完善、日益关注包容性的发展以及民主化进程的加快推进，城市建设和发展再也不是政府的单一主导行为，而是需要各类社会主体共同参与；随着人们消费结构的日益升级特别是对健康宜居生活方式的追求，城市建设和发展将尽

---

① 2014 年 3 月，习近平总书记在全国两会期间参加上海代表团审议时的讲话。
② 汪阳红：《区域治理理论与实践研究》，中国市场出版社，2014。
③ 马海龙：《区域治理结构体系研究》，《理论月刊》2012 年第 6 期。

可能符合新时期人们更高层次的消费需求和价值追求；同时，地域差异性因素决定了城市品位和内涵更加丰富多样且具有个性特征。在这一背景下，城市建设与发展更加趋于现代化、全球化、多主体化、多样化、人性化等，而城市治理正是促进城市有序建设和健康发展的重要手段。

从广义的角度来看，城市治理是指针对特定的城市地域空间，为了谋求城市人口、经济、社会、生态等协调发展，对城市资本、土地、劳动力、技术、信息、知识等要素进行整合，促进实现城市可持续发展；狭义的城市治理是指城市范围内政府、私营部门、非营利组织等主体组成相互依赖的多主体治理网络，在平等的基础上按照参与、沟通、协商、合作的治理机制，在解决城市公共问题、提供城市公共服务、增进城市公共利益的过程中相互合作的利益整合过程。① 我国已经进入城市社会，城市在建设和发展过程中也已暴露了长期积累形成的各类问题，而且将面临越来越多的新挑战，为此，如何通过一套科学的现代城市治理体系推进城市可持续发展成为当前和今后一个重要的长期性课题。

（三）绿色治理

针对日益严峻的人地关系矛盾问题特别是全球气候变化和生态环境恶化问题，绿色治理思想逐渐在全球范围内传播并盛行，并且各国以不同的方式积极推进绿色治理。我国现阶段加快推进的生态文明和美丽中国建设正是深化推进绿色治理的重大战略举措，既是我国绿色转型发展的需要，也是作为发展中大国积极承担全球绿色发展责任的具体表现。

从概念上理解，绿色治理就是围绕生态环境问题以及绿色发展目标展开的区域治理或城市治理。绿色治理的主体包括政府、公共组织、私人组织、民间组织、非营利组织、企业、行业协会、科研学术团体和社会个人等，各主体地位是平等的；治理对象为生态环境问题以及与之相关的经济社会问题等；治理方式强调各主体在平等自愿基础上的合作与协调；治理目标为最大限度地维护生态安全、保护环境，促进人类与自

---

① 王佃利：《城市管理转型与城市治理分析框架》，《中国行政管理》，2006 年第 12 期。

然的共生和谐。[①] 显然，绿色治理就是要发挥所有治理主体的积极作用，通过横向合作、纵向协同，共担绿色发展的责任，推进政府的绿色行政、企业的绿色生产、居民的绿色生活、专家的绿色智慧、媒体的绿色宣传以及社会组织的各种绿色活动等有效结合，促进实现绿色发展目标。

二 构建城市与城市群绿色治理体系

在生态文明理念和绿色价值导向下，深化推进实施绿色城镇化战略，主动瞄准国家"治理"现代化的基本方向，紧扣绿色发展这一关键主题，加快建立健全以城市绿色治理和城市群绿色治理为主体的城镇化绿色治理体系是我国全面推进城镇化绿色转型的趋势性要求和必然选择。

（一）城市绿色治理体系

紧扣绿色发展这一主题，围绕绿色城市建设的目标和重点任务，加快推进以政府、企业、非政府性社会组织及公众等多元主体平等协作的绿色治理体系，通过健全的行政管理机制、市场化机制、社会运行机制，发挥各类主体的行为责任，加快促进从"政府管城市"向"市民建城市"的根本性转变，促进单一依靠城市管理者加强污染物排放管控逐步向城市多元主体共同维护生态环境质量转变。

1. 城市绿色治理主体

城市治理的主体是与城市建设发展有关的一切利益相关者，包括政府部门、企业、非政府性社会组织、个人等所有行为方。绿色治理是城市治理的重要内容，为此，城市绿色治理的主体就是与城市绿色建设和发展相关的所有利益相关者。其中，政府部门为城市绿色发展提供战略决策，包括城市绿色发展规划、绿色发展政策配套以及其他各种与绿色城市建设和发展相关的政府职责行为；非政府性的社会组织例如志愿团体、非营利性组织、社会互助组织等可为绿色城市建设和发展提供各种

---

① 杨立华、刘宏福：《绿色治理：建设美丽中国的必由之路》，《中国行政管理》2014 年第11 期。

社会组织与协调；企业作为生产性、服务型活动的主体则重点在活动过程中尽可能减少污染物排放等；个人特别是城市居民要自觉践行绿色生活，并要积极参与到绿色城市建设的决策、规划实施以及绿色监督等工作中来。另外，针对绿色技术研发转化、绿色模式创新、绿色空间维护等共性目标，各类城市绿色治理的主体需要加强不同形式和内容的相互协作，形成绿色治理的合力。

2. 城市绿色治理任务与目标

城市绿色治理是一项综合性、复杂性和长期性的任务，可以从不同层面理解城市绿色治理的任务与目标。从广义和战略目标导向上看，城市绿色治理的总体任务与目标就是通过推进绿色城市建设促进实现城市绿色转型与发展。从狭义的治理过程来看，城市绿色治理的直接任务和目标则是通过完善的治理机制，发挥各类行为主体的积极作用，针对城市发展过程中存在或面临的突出的生态环境问题或风险，实施多主体全方位的干预，逐步缓解直至根本性解决城市建设和发展中的绿色矛盾，促进实现绿色化的可持续健康发展。分阶段看，城市绿色治理任务与目标又可分为：短期内，针对长期粗放型城镇化过程积累的环境治理恶化特别是城市环境污染问题，要加快实施系统性治理；从中长期来看，要以生态文明建设和绿色发展为目标，加强对城市各种非绿色行为的防范和预警。从绿色城市建设的具体任务上看，城市绿色治理即围绕绿色能源、绿色产业、绿色建筑、绿色交通等具体事项推进相关工作，促进实现具体领域的绿色化。

3. 城市绿色治理机制

城市治理就是要改变过去政府单一主导的城市管理，因此完善的运行机制是确保城市绿色治理取得成效的关键。首先，要切实转变城市政府职能，加快建立健全形成精简高效的绿色行政体制机制，政府职责更多聚焦在绿色城市建设的规划部署、政策引导和绿色执法监督以及绿色发展环境建设上，切实增强城市政府部门的绿色执行力和公信力。其次，发挥市场机制作用，完善绿色城市建设的市场化机制，引导各类社会资本投入绿色城市建设，重点引导企业积极承担绿色城市建设和绿色发展的主体责任，积极推行企业绿色生产。最后，完善相关参与机制，例如绿色治理决策咨询与民意反映机制、绿色治理社会化监督机制等，鼓励、支持和引导其他各类社会组织、市民个体等参与绿色城市治理。

（二）城市群绿色治理体系

城市群绿色治理即针对城市群这一特殊的城镇化区域，围绕绿色发展主题，通过多元主体合力行为，推进城市群区域绿色转型与发展。在我国，由于在行政区划制度下具有较强的区划行政边界色彩，城市群绿色治理的难点和重点是跨省区行政区界或跨城市行政区界推进城市群全域一体化绿色发展。

1. 城市群绿色治理主体

与一般性的区域治理主体一样，城市群绿色治理主体包括与城市群绿色发展有关的一切利益相关者，包括政府部门、企业、非政府社会组织、个人等所有行为方。与单一的城市绿色治理不同的是，城市群涉及多个城市主体，每个城市的政府、企业、非政府组织及市民都是城市群绿色治理的主体，同时还有高于或不属于某个城市的各类相关主体，包括城市群所辖区的上级政府，例如跨省区的城市群上级政府是中央政府、省区内的地方性城市群的上级政府是省级政府，上一级政府部门等相关组织只要与城市群绿色发展相关，都是城市群绿色治理的主体；再如，针对特定城市群发展需要建立起来与城市群绿色发展相关的联盟组织、行业协会等，虽然它们不属于某个城市，但也是城市群绿色治理的主体；当然还包括各类与绿色发展相关的国际性组织、国际绿色发展和环保主义个体等，只要对城市群绿色发展有角色作用，都是城市群绿色治理的主体。显然，相比单一城市的绿色治理主体，城市群绿色治理的主体更加多元复杂。

2. 城市群绿色治理任务与目标

从泛义上来讲，城市群绿色治理就是以推进城市群绿色发展包括绿色空间构建、绿色经济增长、绿色生活践行、绿色基础设施建设等所有绿色活动为任务，以促进实现城市群区域人口、经济、社会与资源环境协调、绿色化发展为根本目标。从狭义上，城市群绿色治理就是围绕城市群区域存在的突出的生态环境问题，该问题既可以是城市群区域某一点上的问题，例如特定工业集中区的环境污染蔓延与扩散、核心城市地面下沉或垃圾围城等；也可以是城市群区域面上的问题，例如城市群区域跨行政区界的流域环境污染、大气污染、生态功能屏障区破坏及生物多样性减少等，各治理主体通过平等协商沟通与协作机制，发挥各自职责和作用，共同推进生态环境治理，促使城市群生态环境问题得到逐步缓解或解决。当然，同城市绿色治理一样，依据不同城市群的发展阶段和特点，城市群绿色治理也存在短期和中长期的任务与目标。

3. 城市群绿色治理机制

相对单一的城市绿色治理，城市群绿色治理过程更具复杂性、长期性和艰巨性，而且城市群绿色治理的主体更加多元化，为此，加快建立健全一套有利于有序有力推进城市群绿色治理的机制尤为重要。一是建立高级别的城市群绿色治理协调机制，对于跨省区的城市群，建立由中央政府部门牵头成立的包括省区以及各城市行政主体以及其他各类治理主体共同参与的绿色发展咨询、协商会制度；对省区内的地方性城市群，可以建立由省级政府部门牵头成立的包括各城市治理主体共同参与的绿色发展咨询、协商会制度。二是建立城市群绿色发展重大事项多方治理主体共商和民主投票决策制度，根据具体事项，对政府部门、社会组织、企业及公众个体设置不同的席位和投票权，按照一定投票比例，对关系城市群绿色发展的重大问题实施多元主体集体决策。三是建立城市群绿色发展重点任务跨区域合作和责任分担机制，对跨行政区和城际的绿色基础设施建设、绿色产业体系构建、生态环境共保等任务，明确责任主体及分工。四是建立城市群绿色治理主体相互监督机制和公开、平等参与机制。这可以通过颁布城市群绿色治理条例，明确不同治理主体具有平等的地位和权利，完善绿色发展信息公开公布制度，搭建各种监督投诉平台，促使各类主体就绿色发展进行相互监督。

三 明确城镇化绿色治理主要主体的责任行为

有别于长期以来针对环境问题我国政府实施的城镇化绿色管理，城镇化绿色治理更加强调多元主体互为支撑的责任行为并形成合力共同推进绿色发展。因此，非常有必要明确城镇化绿色治理主要主体的责任行为，引导各类主体为城镇化绿色转型、绿色城市建设和城市群绿色发展做出积极贡献。

（一）政府完善并深入推进实施绿色新政

"绿色新政"（Green New Deal）是联合国秘书长潘基文在 2008 年 12 月 11 日的联合国气候变化大会上提出的一个新概念，是对环境友好型政策的统称，主要涉及环境保护、污染防治、节能减排、气候变化等与人和自然的可持续发展相关的重大问题。[①] 随后，联合国环境署在 2009 年 2 月召开的第二十五届理事会上郑重地提出了"实行绿色新政、应对多重危机"的倡议；2009 年 4 月公布了《全球绿色新政政策概要》，启动了全球绿色新政及绿色经济计划，绿色新政的基本要义是提高政府的"绿色领导力"，基本目标是发展"绿色经济"，基本方法是致力于"绿色投资"，基本保障是实行"绿色政策改革"。[②] 我国应及时把握国际绿色新政潮流，扎实推进中国特色的绿色新政，以绿色新政应对多重危机。[③]

围绕绿色新政的基本思想和要求，在我国城镇化绿色转型过程中，政府的职责就是要加快制定完善并深入推进实施绿色新政。一是按照《中共中央国务院关于加快推进生态文明建设的意见》中关于绿色城镇化的总体要求，加快编制绿色城镇化总体规划，明确绿色城镇化战略的重点、目标和任务等。二是加快完善与绿色发展相配套的法律法规制度，鼓励地方积极探索制定出台有针对性的与绿色治理相关的条例等，让绿色城镇化、绿色城市和城市群建设、绿色治理有法可依、有章可循。三是进一步完善形成与绿色发展相一致和配套的政策体系，形成自上而下完整的政策链，积极发挥政策在深化推进城镇化绿色转型中引导、约束和激励效应。四是制定城镇绿色新政权力清单和责任清单，明确政府绿色行政的权力边界，实行"行政权力进清单、清单之外无权力、权力和

---

① 张来春：《西方国家绿色新政对中国的启示》，《中国发展观察》2009 年第 12 期。
② 中国行政管理学会、环境保护部宣传教育司：《实施中国特色的绿色新政推动科学发展和生态文明建设》，《环境教育》2010 年第 2 期。
③ 任勇：《多重危机同时肆虐地球家园　怎样用绿色新政应对？》，《中国环境报》2009 年 5 月 22 日。

责任相对应"的绿色行政管理体制，将绿色城镇化、绿色城市建设及绿色发展目标纳入政府政绩考核中。

（二） 突出企业主体的绿色责任地位

企业是城镇化过程中经济活动的行为主体，在资源利用和环境质量方面具有广泛且深远的影响。在我国长期以来的快速城镇化中，非绿色的企业活动造成的大面积的各类污染物排放已导致环境质量不断恶化。由于没有突出企业在绿色发展中的责任地位，一味对企业活动通过行政、法律等手段进行污染排放监管，从而在我国形成"污染—监管—治理—再污染—再监管—再治理"的恶性循环怪圈。因此，需要通过构建城镇化绿色治理体系，明确企业在绿色发展中的主体责任，促使企业由被动地加强污染治理向主动地推进绿色发展转变。具体地，企业发挥绿色主体作用，就是要树立绿色发展的企业运营理念，形成企业绿色文化，加强各种投入，不断更新和采用先进适用的绿色技术，实施绿色流程管理，生产绿色产品，促进企业实现从资源利用、加工生产、销售流通到消费回收等全过程绿色化。

（三） 发挥科研工作者和社会组织的中间作用

从事与绿色发展、绿色城镇化相关的各领域研究的科研工作者，能够为城镇化绿色治理提供智力支撑，包括绿色理念和文化的推广、绿色理论与战略的提出、绿色科技研发与转化、绿色模式的研究总结、绿色决策咨询服务等，在城镇化绿色治理中起到重要的媒介和推动作用，能把与绿色相关的所有知识转化到城镇化进程中，并积极推广应用到各领域。除政府部门、企业等以外的各类社会组织具有非营利性质，具有相对自主性、独立性和社会吸纳性，能够更好地代表社会各利益阶层，[①] 在城镇化绿色治理中发挥着重要的中间作用，例如：行业协会可以推动产品生产的绿色技术规范和标准建设；媒体组织和非营利性机构可以搭建

---

① 杨立华、刘宏福：《绿色治理：建设美丽中国的必由之路》，《中国行政管理》2014 年第 11 期。

各类推进绿色行动的宣传和合作平台。社会组织利用自身的独立性，可以和政府、企业等其他主体建立合作关系，共同就绿色城镇化的关键问题协同治理。在大数据信息化时代，社会组织可以发挥第三方独立性作用和较强的社会公信力，积极推进建设绿色城市、绿色城市群动态监测预警体系，对绿色城镇化进行实时跟踪监测并向全社会公开信息。

（四）鼓励社会个体积极参与绿色治理

首先，社会是由无数个体组成，个体自觉的践行绿色行为是推进绿色发展和绿色城镇化的重要内容之一，因此，在绿色衣食住行等消费行为上，需要个体树立绿色意识并推行绿色生活方式，为绿色城镇化尽每个人的分内职责。其次，个体也是城镇化绿色治理的重要主体，要积极发挥个人作为治理主体的作用，包括对绿色城镇化战略、绿色城市建设、绿色城市群发展等各方面的建议、监督及其他各类支持或推动行为。应该说，社会个体在城镇化绿色治理中的参与度高低是衡量绿色治理能力和现代化水平的重要标准，只有社会个体的绿色价值追求与全社会绿色文化、生态文明有机统一，才能促进全面实现城镇化绿色转型。从我国目前绿色城镇化实践看，一方面，公民自身的绿色意识和参与绿色治理的意识总体都比较薄弱，另一方面，公众个体参与绿色治理的渠道和机会还不多。因此，现阶段还需要政府部门和各类社会组织，既要加强绿色文化知识宣传、积极倡导绿色意识，引导个体主动践行绿色行为；又要积极搭建吸收个体参与绿色城镇化的各种平台，提供全方位、开放式绿色治理参与机会，鼓励个体发挥自身聪明才智，积极参与城镇化绿色治理，为绿色发展增添个体力量。

四　增强城镇化绿色治理成效的保障措施

城镇化绿色治理是一项复杂性和长期性的综合工程，我国城市治理、社会治理以及围绕绿色发展的绿色治理体系尚不健全，因此需要积极发挥各类主体作用，探索成立城市及城市群绿色治理委员会，加快建立健全自上而下、自下而上协同化的治理机制，加强绿色治理国际交流与合作，切实增强城镇化绿色治理成效。

（一）推动国家顶层设计与各界治理主体创新

从我国国情和发展战略导向看，绿色城镇化是不可逾越且迫切性强的发展阶段。为根本性转变长期以来的非绿色城镇化模式，需要全国上下按照生态文明建设的总体战略要求，统一推动和践行绿色城镇化。首先，需要加强顶层设计、战略决策和政策引导。党中央、国务院从国家战略发展角度，加强组织领导和决策部署，加快建立健全与中国基本国情特别是新型城镇化相适宜的绿色治理宏观战略体系、绿色治理法规政策标准体系以及绿色治理全民参与体系。其次，要切实发挥地方各级党委政府的创新引导作用，通过试点示范和先行先试，鼓励在低碳城市建设实践的基础上探索形成绿色城市建设新模式、新路径，特别是在体制机制和政策创新上大胆作为。最后，积极引导社会组织、企业及社会各界参与到绿色治理中来，在献言献策、创新创造、监督践行等方面发挥主力军作用。

（二）推进成立城市及城市群绿色治理委员会

推进城市和区域治理是推进国家治理体系和治理能力现代化的重要实践。围绕城市绿色治理和城市群绿色治理，可以支持各地探索成立城市绿色治理委员会、城市群绿色治理委员会，完善绿色治理体制机制，明确各绿色治理主体的责任与义务。其中，城市绿色治理委员会由城市所在政府牵头成立，并且各类治理主体按照一定的席位比例参与组成；委员会主任由分管环保和绿色发展的行政领导兼任，副主任可设多个席位，根据需要可由其他各类治理主体代表出任；下设办公室，负责城市绿色治理委员会的日常工作。城市绿色治理委员会采取特定年限例如3年一期的换届制。城市绿色治理委员会委员包括专家委员、市民代表委员、企业代表委员、社会组织代表委员等，通过向全社会公开征集及评选的方式产生。按照集体投票决策机制，根据绿色治理委员会常务会议决议结果确定城市绿色治理重大事项方案是否实施及其具体需要采取的实施方式。

同样地，鼓励和支持城市群成立区域性的绿色治理委员会，负责城市群绿色治理重大事项决策。例如，跨省区的城市群绿色治理委员会主任建议由不同省级行政区负责环保和绿色发展的行政长官轮流兼任，副主任可设多个席位，由不同城市负责环保和绿色发展的行政官员以及其他各类治理主体代表出任，办公室工作制度、委员会委员席位及产生方式、委员会集体决策机制等均可参照城市绿色治理委员制度模式，并根据城市群绿色治理的复杂性需要进行必要的完善。

（三）加快建立健全绿色治理体制机制

只有建立健全一套平等、高效的协作互动机制，才能促进多元主体参与绿色城镇化的协同系统治理。我国现阶段城市和区域绿色治理主要存在以下几方面问题：一是以政府行政管理为主导，其他主体多为被动参与；二是各类主体由于受各自利益驱使，在绿色发展领域的合作意愿不强烈，特别是大多数企业过于追求经济利益而不愿在环境保护上增加投入；三是各类主体行为的协同性不强，不同治理主体只围绕与自身相关的问题，例如政府围绕绿色政策、企业围绕绿色生产、消费者围绕绿色消费、学者和科学家围绕绿色理论和科技研发等，各主体之间由于缺乏协调沟通机制导致协同性较差；四是环境污染外部性导致权责不明晰等。可见，要增强城镇化绿色治理成效，一方面需要积极发挥各类治理主体的作用；另一方面还要增强各主体行为之间的协同性，以切实提高绿色治理能力。

具体地，至少要完善以下三个层面的体制机制。一是要按照中共中央、国务院印发的《生态文明体制改革总体方案》深化改革，在制度层面建立健全有利于推进绿色城镇化的资源环境领域的体制机制，加快构建产权清晰、多元参与、激励与约束并重、系统完整的生态文明制度体系，为各类主体参与绿色治理提供制度保障。二是要建立横向、纵向以及斜向并举的协同扁平化的合作机制和利益协调，既要促进不同治理主体之间的横向平等合作；也要确保各主体不同层级之间的纵向协作，例如政府上下级、企业总部与分支机构等主体之间；还要加强没有归属关系的不同层级、不同主体之间的斜向协作，例如京津冀城市群的绿色治理，北京市可以与河北省的任何一个地级市甚至县级政府开展平等的对接合作，北京市政府也可以与河北省的地方非政府社会组织开展平等的对接合作等，确保各类主体不分级别大小平等参与绿色治理。三是明确各类治理主体的绿色职责，建立全社会绿色治理主体的责任分担机制和行为引导机制，让生态建设和环境保护的外部性内部化，引导各绿色治理主体尽职尽责。

（四）加强区域治理的国际经验借鉴与交流合作

从区域治理理论研究和发展实践看，国际发达国家起步相对较早，已经积累一些成功的经验，包括相关理念、理论和政策等方面的有益经验和做法都值得我国借鉴。因此，加强区域治理的国际经验借鉴与交流合作，有利于推进我国区域治理和绿色城镇化治理实践。从政府层面看，要充分依托现有的各类交流平台，例如应对气候变化与低碳发展等国家级国际交流与合作平台、友好城市等地方政府交流平台等，深化推进绿色城镇化及其治理相关领域的交流合作。从学术及理论研究看，要支持国内相关研究主体加强与国外相关研究机构的学术交流，根据需要可邀请国外相关领域研究专家及团队就中国绿色城镇化和治理问题开展学术研究，为中国区域治理及绿色城镇化治理提供更加科学和丰富的理论支撑。同时，积极鼓励和支持其他主体，包括社会团体、企业等通过各类渠道多种方式参与绿色治理和绿色发展相关领域的国际交流与合作。

结语篇
研究总结与展望

第十二章　绿色城镇化理论观点、
启示与展望

围绕绿色城镇化，在理论层面，本研究系统构建了城镇化环境效应的机理模型及其驼峰效应理论假说，为城镇化环境效应研究提供了一个可参考的理论分析框架；在实证层面，本研究不仅分析了中国城镇化环境效应的现状，做了环境效应的风险预警，而且探究性地提出了绿色城镇化的战略构想。本章就研究得到的主要认识、结论性观点和启示进行简要总结；结合在研究过程中的思考和理解，展望未来进一步拓展相关研究的重点和方向。

一　城镇化环境效应的理论观点

长期以来，城镇化环境效应研究被认为是一个"伪"命题，原因在于很难把工业化和经济发展从城镇化进程中剔除出去。对此，本研究提出如下解释。

一是工业化和城镇化是相互推进、相互融合的伴生过程，任何研究城镇化的论题，都会不同程度地考虑到工业化，为此可以将工业化作为城镇化进程中的支撑来开展相关论题的研究。同时，城镇化进程中的环境效应，除了产业活动资源消耗和污染排放之外，还包括生活活动对环境的影响，尤其是城镇化会促进消费结构升级、社会文明进步以及发挥集聚经济效应作用，这些都会进一步对环境效应带来不同程度和不同方向（包括正向和负向）的影响。除了传统的资源效应和污染效应之外，城市环境公害也是城镇化环境效应研究的一个重要内容。

二是经济发展过程本质上是人类需求被不断满足的过程。根据马斯洛需求理论，人类需求会遵循从最基本的生理需求到最高的自我价值实现需求的梯级演变。生理需求解决的是温饱问题，属于物质需求层面，自我价值实现需求包括知识需求、文化需求、健康需求、环境需求等。人类的需求正是在城镇化进程中不断扩大和演进升级的。可见，从长期看，城镇化会通过需求媒介来刺激经济发展。因此，"城镇化环境效应"这一基本概念和研究命题的提出，实质上已经将经济发展对环境的影响因素内生化。

为此，"城镇化环境效应"研究命题似伪而非伪，其本质是从环境效应的角度来研究城镇化问题。与过去相关研究不同的是，本研究重点从理论推演出发，挖掘城镇化对环境影响的作用机理，并试图为城镇化环境效应研究提供一个逻辑分析框架。

通过研究，可总结如下两点认识和四点结论。

认识1：城镇化环境效应具有综合性、阶段性、扩散性、累积性和区域性五个基本属性。综合性、扩散性增加了环境效应的研究难度，尤其是在环境效应的测度上，同时也启示我们要充分考虑环境效应的复杂性和可传播扩散的特征，对城镇化环境效应问题的应对是一个系统性和涉及各地区全局的综合工程。阶段性表明，城镇化对环境影响的方向和层面是动态变化的，并遵循一定的规律性。累积性是深化开展城镇化环境效应风险研究的一个着力点，特别是需要根据地区环境承载力和累积弹性预测环境负效应持续的时间。区域性告诉我们，受地域差异及地区环境承载力差异影响，城镇化环境效应具有差异特征；同时，不同地区城镇化道路和模式选择的差异也会导致环境效应不同。

认识2：人口和生产要素向城镇地区集聚是城镇化的本质内涵，也是环境效应研究的逻辑起点。城镇化是人类经济社会及自然环境复杂的动态变化过程。一方面，人口和要素集聚会通过集聚效应直接作用于环境系统。另一方面，人口向城镇集中，消费需求趋于不断扩大和升级，继而带动城镇土地开发建设以及拉动产业演变、经济增长，各种生产要素集聚，社会形态趋于不断进步升级，从而综合驱动环境变化。

结论1：D－M－E机理模型是城镇化环境效应研究的一个基本理论框

架。基于鱼骨因果解析和系统动力学研究思路，城镇化环境效应 D－M－
E 机理模型由 "驱动力集"、"机理功能集" 和 "环境效应集" 三个主体
部分组成。其中，城镇化对环境效应影响的驱动力集有要素集聚、知识
积累、产业演进和规模递增四个主要方面；对应地，四个驱动力集对环
境效应变化具有共生、优化、结构和控制四大功能。除此之外，多种形
态和力量组合的 "干扰项集" 和时间变量被认为是城镇化进程驱动环境
效应的重要参考变量。D－M－E 机理模型为城镇化环境效应研究提供了
一个可循的实现路径。围绕 "驱动力集"、"机理功能集" 和 "环境效应
集" 可对城镇化环境效应的各个层面开展深化研究。

结论 2：从逻辑推演和中国的实证研究上看，存在城镇化环境驼峰效
应。驼峰效应的意义有两点。一是要正视短期内城镇化对环境带来的负
效应，城镇化的资源消耗和污染物排放引起的环境牺牲是不可避免的。
这也为当前环境领域的国际关系处理提供了一个可参考的解释。在全球
资源和环境约束力不断加大的背景下，在国际对话中，部分发达国家对
发展中国家或落后地区提出超过他们能力范围的环境责任是不符合基本
规律的。二是一个地区或者国家要尽可能追求理想的驼峰效应。在最大
限度满足居民需求的同时，尽可能减少对环境的损害，尽可能将驼峰值
控制在最小和最短时间内，最大限度地谋求城镇化的环境福利。

结论 3：城镇化环境驼峰效应为环境风险预警提供了一个分析框架。基
于环境驼峰效应的认识，在理论上存在一个理想的驼峰形状，同时也存在
无限度偏离理想环境驼峰的风险，特别是环境驼峰趋高和环境负效应累积
两大风险，当引起警惕，做好城镇化环境预警工作。值得注意的是，城镇
化环境驼峰后期进入新的耗散结构期，此时，城市环境公害应当引起高度
重视。按照城镇化的环境驼峰效应，到城镇化的后期阶段，资源消耗和环
境污染会下降，从这个角度看环境质量会得到改善。城镇地区空间规模和
形态在一段时间内将基本趋于稳定，环境系统将进入一个新的稳定的耗散
结构期。在这一时期，城镇环境公害成为新的潜在风险，主要是由于城市
空间结构不合理、现代化科技引发的一些新的环境问题。

结论 4：中国城镇化环境效应具有显著的阶段性、地域性特点，并且
与城镇化规模之间具有很强的空间相关性，总体而言，中国城镇化环境

效应喜忧参半。长期以来，中国粗放式的城镇化以高消耗、高排放和高扩张为基本特征，环境负效应显著。现阶段，中国城镇化正处于全面转型期，既是机遇，也是挑战。机遇在于城镇化促进了技术进步、环境投入不断加大、产业结构不断升级。挑战源于技术进步的速度相对缓慢、环境投入的力度尚不够、产业结构升级的难度比较大、现阶段资源约束力不断强化、环境负效应累积风险增加等。

二　城镇化环境效应对绿色城镇化的启示

　　长期以来，中国粗放式的非绿色城镇化模式带来了严重的生态环境问题，在应对全球气候变化和我国进入生态文明新纪元的时代大背景下，资源环境约束力持续加大，从发展战略上可以确定中国未来须走一条高环境福祉的新型城镇化模式。城镇化环境问题源自不断增长的资源消耗需求以及由此带来的废弃物大量排放，因此，未来高环境福祉的城镇化战略，其特点是在集约利用资源的同时能最大限度地降低排放（见图 12 - 1），在资源利用和污染排放量方面实现发展模式的全面转型，促进形成绿色城镇化模式。今后，要彻底改变城镇化进程中高消耗和高污染排放的生产或生活方式，向低排放和集约式的生产或生活方式转型，要通过综合路径促进资源集约消耗和低排放的城镇化模式。

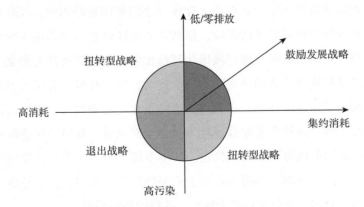

图 12 - 1　高环境福祉的绿色城镇化战略下资源消耗与排放

　　鉴于城镇化环境效应的属性、形成机理、驼峰效应以及中国城镇化和环境效应的基本特征和风险的基本认识，对绿色城镇化有如下几点启示。

启示1：从环境效应角度认识绿色城镇化的资源消耗与污染排放。基于可持续发展思想，人口与资源环境的协调发展是健康、和谐、绿色城镇化的重要判定标准。根据城镇化驼峰效应理论，在最大满足人口发展需求的基础上，城镇化环境负效应控制在最小范围，即能够实现人口与资源环境的协调发展。因此，绿色城镇化并不否定资源消耗和污染排放，而是将环境福利作为一种产品来满足人的发展需求。

启示2：基于环境效应属性认识推进绿色城镇化。一是要是意识到环境效应的综合性，城镇化进程中的任何一种行为都可以直接或间接地影响到环境系统；二是在阶段性上，要通过有力措施尽早地抵达环境驼峰的最高转折点；三是在扩散性上，要加强污染检测和治理，防止环境负效应向农村和其他地区转移；四是警惕环境负效应的累积性，增强环境正效应的累积作用；五是在区域性上，要促进环境补偿制度，促进各地区环境一致友好。

启示3：从城镇化环境效应形成机理及其环境驼峰效应角度，要不断强化环境正效应驱动因子的作用力，从而推进城镇化绿色转型或绿色城镇化进程（见图12-2）。环境驼峰效应告诉我们，短期内的环境负效应不可避免，而长期环境正效应作用的发挥依赖于城镇化质量的提高，包括产业升级、科技发展和社会进步等条件的满足。具体地，一是要促进产业结构升级，提高产业的技术层次特别是要降低工业对资源的依赖，改变传统高排放的工业化模式。二是强化知识型社会建设，促进产业专业化分工、信息技术交流和进步，不断健全制度和体制机制，在全社会加快构建倡导人和自然协调发展的生态文明体系。三是强化要素集中带来的资源集约和污染集中防治的正效应作用。四是因地制宜，优化布局，倡导合理适度的城镇规模，遏制城镇土地开发建设的非理性行为，要提高单位土地面积上的产出水平，用尽可能少的土地及生态系统成本换取更多的经济社会效益。

启示4：未来中西部地区是中国城镇化的主阵地，要积极吸取过去东部沿海城镇化高密度地区和东北等老工业资源型城市城镇化环境负效应

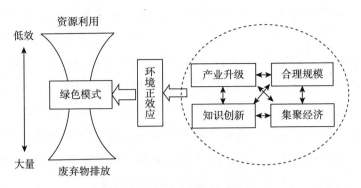

图 12 - 2　绿色城镇化的驱动模式

的教训。一是要引导形成合理布局的城镇化形态，在城市（镇）之间高效地配置要素，避免大规模城镇化带来的环境负效应。二是警惕资源型城镇化的短期行为，避免走不注重技术升级和产业配套、过度依赖资源输出的城镇化道路。在开放的市场经济条件下，低层次的资源开采和初加工产品获得的经济回报率很低，相反其他资源输入地区通过深加工生产高附加值产品，由此在市场作用下形成较大的利润剪刀差，显然低技术水平下的资源输出型城镇化地区对环境破坏难以实现有效补偿。

启示 5：要全面推进城镇化环境效益监测评估工作，加强城镇化环境风险预警。首先，针对环境牺牲驼峰趋高的风险，要综合利用多种跨学科的环境预警模型特别是情景分析模型、综合指数模型、系统动力学模型、突变理论、环境损失率等模型对城镇化进程中的环境恶化速度、恶化形态做全面的分析研究。其次，针对环境负效应的累积风险，要不断加大对现有环境污染的综合治理力度，同时做好生态修复建设以及环境污染的防范工作，尽可能遏制一切破坏生态环境系统的城镇化行为。最后，对城市环境公害要关注。后城镇化时期，城市环境公害有可能成为影响人居环境质量的主要因素，因此要处理好现代生活方式和健康生活方式之间的关系，防范新科技应用带来的新的城市环境公害对人体健康造成的损害。

三　绿色城镇化战略的基本框架

基于城镇化环境效应的理论认识和中国粗放型非绿色城镇化的反思，

按照国家生态文明建设和新型城镇化战略要求，提出绿色城镇化战略思考。

观点1：绿色城镇化的基本内涵，即"资源利用集约低碳、经济发展绿色高效、生态环境质量优良、绿色文化日益繁荣"。其中，资源利用集约低碳是从城镇化物质能量的消耗角度提出的；经济发展绿色高效既是物质能量消耗的产出也是绿色城镇化的支撑；生态环境质量优良是推进绿色城镇化的关键和人们日益增长的绿色价值追求；绿色文化日益繁荣则是确保绿色城镇化永久推进的根本性保障和生态文明建设成果的重要体现。

观点2：现阶段在中国推进绿色城镇化的重点任务，至少包括以下四个方面：一是要以生产方式的绿色化推进经济绿色增长；二是以生活方式的绿色化形成绿色消费新风尚；三是创新建设模式，推进绿色城市和城市群建设；四是强化生态环境保护，切实改善人居环境质量。为有效有序推进绿色城镇化，建立健全全民参与的城镇化绿色治理机制、积极推进城镇化绿色转型的全方位创新、加快促进生态环保产业和事业大发展、构建以绿色理念为核心的城镇生态文明体系是必要的保障措施。

观点3：绿色城市从理念上即强调城市是自然界生态环境的一部分，要集中体现全面、协调、可持续的科学发展理念，其基本内涵至少同时包括以下六个方面：一是开发建设具有集约性；二是城市形象具有生态性；三是能耗排放具有低碳性；四是经济发展具有绿色性；五是城市运行绿色智能化；六是绿色文化氛围浓郁。在不同的富裕程度和社会发展形态下，由于发展水平、人们需求和价值追求的不同，绿色城市的标准和认同度存在差异性。

观点4：绿色城市是绿色城镇化的主要载体和基本单元，要以绿色新理念为引导、按照构建生产生活生态有机融合的绿色新空间要求，因地制宜、差异化、各有特色地推进绿色城市建设，并以城带乡统筹推进城乡绿色一体化。现阶段加快推进绿色城市建设的重点任务至少包括以下六方面：一是积极开发和推广应用绿色能源；二是实施建筑绿色化改造和推广新建绿色建筑；三是积极推行发展绿色交通运输方式；四是突出绿色产业发展对城市的支撑作用；五是切实加强城市生态建设和环境污染防治；六是全面倡导和践行绿色新生活、新风尚。

观点5：绿色城市群是绿色城镇化的主体形态，现阶段在中国推进城市群绿色发展既是在城镇化高级阶段对非绿色城镇化模式的纠正和转变，也是全面推进生态文明建设、构建绿色发展与繁荣国土新版图的战略需要。由于我国城市群发展区域差异明显，要按照差异化路径推进城市群绿色发展，同时要以城市群绿色化积极引领区域甚至全国现代化进程。现阶段要按照生态文明建设的总体要求，以绿色城镇化战略设想为导向，以绿色城市建设为重要支撑，围绕绿色型空间构建、绿色现代产业体系形成、生态联建和环境质量共保、区域性绿色化基础设施规划建设和全域绿色生活文化培育等重点任务，推进城市群绿色发展。

观点6：围绕绿色城镇化、绿色城市建设和城市群绿色发展的基本要求，加快构建城镇化绿色治理体系，推进城市和城市群区域的绿色治理，是国家治理的重要内容之一，加快提升城镇化绿色治理能力也是推进国家治理能力现代化的关键一环。城镇化绿色治理是一项复杂性和长期性的综合工程，我国城市治理以及围绕绿色发展的绿色治理体系尚不健全，因此建议各地可探索成立城市及城市群绿色治理委员会，加快建立健全自上而下、自下而上协同化的治理机制，积极发挥各类主体作用，例如政府要完善并深入推进实施绿色新政并加强绿色城镇化的顶层设计和引导、企业要突出绿色生产等责任主体地位、科研工作者发挥智囊贡献力量、社会组织发挥中间作用，同时鼓励和引导社会个体积极参与绿色治理，加强区域绿色治理的国际交流合作，形成绿色治理合力，切实增强城镇化绿色治理成效。

四 研究展望

本研究借助多个学科的基础理论支撑，综合运用系统动力学、计量分析、统计描述、经典模型识别、预警分析、战略研究等方法，通过逻辑推理和实证检验，构建了城镇化环境效应的机理框架，提出城镇化环境驼峰效应的假设，建立了一个围绕城镇化环境效应研究相对较为系统和严谨的理论逻辑分析框架，并依据该框架分析了中国城镇化的环境效应风险，在此基础上提出了在我国全面推进绿色城镇化的战略思考，具有现实意义。

首先，本研究的主要贡献在于：一是在文献综述的基础上，找出了研究的焦点和重点，对城镇化环境效应的基本概念、属性和类别进行了归纳总结，厘清了研究的基本思路；二是 D－M－E 机理模型及驼峰效应理论假说在一定程度上丰富了城市经济学、资源环境经济学等相关学科的理论，同时可作为城镇化环境效应研究的一个较为完整的分析框架，为今后深化该领域研究奠定了理论上的认识基础，具有理论借鉴意义；三是对中国城镇化环境效应的实证研究以及提出绿色城镇化战略思考，包括绿色城镇化和绿色城市的基本内涵、绿色城市建设和城市群绿色发展的总体思路、构建城镇化绿色治理体系的建议等，对现阶段我国全面推进生态文明建设、深化推进新型城镇化战略具有重要的现实意义和战略参考作用。

其次，应该认识到，本研究只是在前人研究的基础上推进了一小步，依然存在许多不足之处：一是城镇化环境效应机理推导有待进一步深化，目前研究着重抓住了主要矛盾来研究主要问题和现象，实质上在城镇化进程中，人类活动对环境的影响还有许多深层次的直接或间接因素，例如消费选择、空间布局、制度安排等对环境会带来不同程度和层次的影响，本研究把消费选择和空间布局以及制度安排一起内生到知识积累上，今后可以进一步分解并完善鱼刺因果图；二是有必要对城镇化环境影响的干扰因子进行梳理和深化研究，特别是贸易活动在城镇化进程中对环境效应的驱动，本研究简单提及但未做深入推演；三是城镇体系的构成实质上是要素集聚的空间分布形态，应该说会对环境系统产生重要影响，本研究尚未对不同城镇空间布局形态对环境效应的驱动差异进行分析；四是实证研究部分由于数据缺失较多，并且模型设计依然存在改进空间，导致计量分析总体还比较粗略，有待获取更多案例数据和模型进一步深化研究；五是城镇化环境效应的地区差异研究不足，今后可以进一步按照不同类型城镇化地区进行差异研究，特别是在对地区环境效应的判识过程中，会面临两个方面的难题，一方面是大部分资源具有可流通性，另一方面是环境效应在一定程度上具有地域不可分割性，为此，应该设定科学、合理的前提假设条件，对不同地区的环境压力进行空间数据化动态模拟。诸如以上等，城镇化环境效应的理论和实证研究还有大量的工作要做。

综上，随着世界各国积极应对全球气候变化和我国生态文明战略的深化推进，国内外各界关于绿色城市、绿色发展以及绿色城镇化的概念及讨论日益热烈，但是目前针对绿色城镇化的理论研究还远远滞后于绿色城镇化实践需要，大多停留在绿色城镇化的概念、思路和理念的探讨上，缺乏系统的绿色城镇化理论指导框架。为此，在理论研究方向上，今后要围绕绿色城镇化需要，以"城镇化环境效应理论"为核心不断深化城镇化与环境关系研究，积极探究绿色城镇化的最优路径，寻找城镇化与绿色发展的最佳均衡点，系统构建绿色城镇化的基础理论体系，为城镇化环境效应研究提供理论分析框架；加强方法论研究，继续运用传统的经典分析方法，并充分借鉴新兴的国际前沿研究技术，综合跨学科的技术路径，建立一套适合绿色城镇化研究的方法论体系。同时，在理论和方法论研究的支撑下，要根据全球和中国城镇化实践需要，继续不断深化在绿色城镇化战略、绿色城镇化政策、绿色城镇化标准体系、绿色城镇化治理、绿色城镇化区域和国际合作等领域的实证研究。

参考文献

［1］ 爱德华：《比知识还多》，汪凯、李迪译，企业管理出版社，2004。

［2］ 安虎森：《增长极理论评述》，《南开经济研究》1997年第1期。

［3］ 安虎森：《区域经济学通论》，经济科学出版社，2004。

［4］ 巴顿：《城市经济学：理论和政策》，上海社会科学院部门经济研究所城市经济研究室译，商务印书馆，1984。

［5］ 白磊：《欧洲的绿色城市主义》，《城市问题》2006年第7期。

［6］ 白磊：《欧洲的绿色主义从〈*Green Urbanism：Learning from European Cities*〉看中国城市发展》，《城市问题》2006年第7期。

［7］ 巴曙松等：《城市化与经济增长的动力：一种长期观点》，《改革与战略》2010年第26期。

［8］ 蔡翼飞：《2009～2010：人口、资源与环境经济学研究综述》，《2010年中国人口年鉴》。

［9］ 车秀珍等：《城市化进程中的战略环境评价（SEA）初探》，《地理科学》2001年第21期。

［10］ 成德宁：《城镇化的效应分析与发展思路》，《南都学坛》（人文社会科学学报）2003年第23卷第2期。

［11］ 陈彩虹、姚士谋、陈爽：《城市化过程中的景观生态环境效应》，《干旱区资源与环境》2005年第19卷第3期。

［12］ 陈德超：《浦东城镇化进程中的河网体系变迁与水环境变化研究》，华东师范大学博士论文，2003。

［13］ 陈静、曾珍香：《社会、经济、资源、环境协调发展评价模型研究》，《科学管理研究》2004年第3期。

［14］陈良文、杨开忠：《生产率、城市规模与经济密度：对城市集聚经济效应的实证研究》，《贵州社会科学》2007 年第 2 期。

［15］陈彦光：《城市人口空间分布函数的理论基础与修正形式》，《华中师范大学学报》（自然科学版）2000 年第 4 期。

［16］程开明：《中国城市化与经济增长的统计研究》，浙江工商大学博士论文，2008。

［17］程开明：《城市化促进技术创新的机制及证据》，《科研管理》2010 年第 2 期。

［18］方创琳等：《城市化过程与生态环境效应》，北京科学出版社，2008。

［19］方创琳等：《中国城市群可持续发展理论与实践》，北京科学出版社，2010。

［20］方创琳：《中国城市化进程亚健康的反思与警示》，《现代城市研究》2011 年第 8 期。

［21］方创琳、杨玉梅：《城市化与生态环境交互耦合系统的基本定律》，《干旱区地理》2006 年第 29 卷第 1 期。

［22］方时姣、苗艳青：《警惕 城镇化热引起的新贫困》，《当代经济研究》2006 年第 2 期。

［23］傅鸿源等：《城市化水平与经济增长的中外对比研究》，《重庆建筑大学学报》（社科版）2000 年第 1 期。

［24］付宇：《人力资本及其结构对我国经济增长贡献的研究》，吉林大学博士论文，2014。

［25］高环：《城镇化建设中产业发展问题研究》，东北林业大学博士论文，2004。

［26］辜胜阻、陈来：《城镇化效应与生育性别偏好》，《中国人口科学》2005 年第 3 期。

［27］国家发展改革委宏观经济研究院编写组：《迈向低碳时代——中国低碳试点经验》，中国发展出版社，2014。

［28］国家环保总局规划与财务司：《环境统计知识手册》，2007。

［29］何报寅等：《基于 MODIS 的武汉城市圈地表温度场特征》，《长

江流域资源与环境》2010 年第 12 期。

[30] 侯凤岐：《我国区域经济集聚的环境效应研究》，《西北农林科技大学学报》（社会科学版）2008 年第 3 期。

[31] 侯金武：《我国城镇化进程中的地质环境问题及对策》，《中国党政干部论坛》2011 年第 8 期。

[32] 侯鹏等：《城市复杂地表 TM 温度反演及其与 MODIS 产品的比较》，《自然灾害学报》2009 年第 5 期。

[33] 霍华德：《明日的田园城市》，金经元译，商务印书馆，2000。

[34] 简新华、黄锟：《中国城镇化水平和速度的实证分析与前景预测》，《经济研究》2010 年第 3 期。

[35] 姜磊、季民河：《城市化 区域创新集群与空间知识溢出》，《软科学》2011 年第 12 期。

[36] 经济参考报：《我国 2/3 城市已被垃圾包围，污染问题日渐严重》，2006 年 12 月 14 日。

[37] 克拉克、费尔德曼、格特勒：《牛津经济地理学手册》，刘卫东等译，商务印书馆，2005。

[38] 克里斯塔勒：《德国南部中心地原理》，常正文、王兴中等译，商务印书馆，1998。

[39] 柯锐鹏、梅志雄：《城镇化与绿地退化对城市热环境影响研究》，《生态环境学报》2010 年第 9 期。

[40] 勒施：《经济空间秩序：经济财货和地理间的关系》，王守礼译，商务印书馆，1995。

[41] 李漫莉等：《绿色城市的发展及其对我国城市建设的启示》，《农业科技与信息》（现代园林）2013 年第 10 卷第 1 期。

[42] 李国平：《我国工业化与城镇化的协调关系分析与评估》，《地域研究与开发》2008 年第 5 期。

[43] 李静等：《基于城市化发展体系的城市生态环境评价与分析》，《中国人口、资源与环境》2009 年第 1 期。

[44] 李名迟：《如何破解北京"垃圾围城"难题》，《经济参考报》2011 年 12 月 5 日第 007 版。

［45］李宇等：《20世纪90年代以来小城镇环境研究进展》，《地理科学进展》2006年第25卷第1期。

［46］李金滟：《城市集聚：理论和证据》，华中科技大学博士论文，2008。

［47］李金滟、宋德勇：《新经济地理视角中的城市集聚理论述评》，《经济学动态》2008年第11期。

［48］李美洲、韩兆洲：《城镇化和工业化对农民增收的影响机制》，《财贸研究》2007年第1期。

［49］李善同、刘勇：《环境与经济协调发展的经济学分析》，《经济研究参考》2002年第6期。

［50］李双成等：《中国城市化过程及其资源与生态环境效应机制》，《地理科学进展》2009年第1期。

［51］李相然：《城市化环境效应与环境保护》，中国建材工业出版社，2004。

［52］李雪松：《鱼刺图战略分解法在绩效管理方案设计中的应用》，《科技咨询导报》2007年第3期。

［53］李灵稚：《FDI对环境福利的影响及对策》，《国际经济合作》2007年第6期。

［54］黎治华等：《上海近十年来城市化及其生态环境变化的评估研究》，《国土资源遥感》2011年第2期。

［55］刘北辰：《城市发展要警惕"垃圾围城"》，《城乡建设》2009年第5期。

［56］刘宾：《城市生态经济效益的计量研究》，《数量经济技术经济研究》1994年第8期。

［57］刘传江、侯伟丽：《环境经济学》，武汉大学出版社，2006。

［58］刘耀彬：《资源环境约束下的适宜城市化进程测度理论与实证研究》，社会科学文献出版社，2011。

［59］刘耀彬：《城市化与资源环境相互关系的理论与实质研究》，中国财政经济出版社，2007。

［60］刘耀彬等：《城市化与城市生态环境关系研究综述与评价》，

《中国人口、资源与环境》2005 年第 15 卷第 3 期。

［61］刘艳军：《我国产业结构演变的城市化响应研究》，东北师范大学博士论文，2009。

［62］刘勇：《中国城镇化发展的历程、问题和趋势》，《经济与管理研究》2011 年第 3 期。

［63］刘志亭、孙福平：《基于 3E 协调度的我国区域协调发展评价》，《青岛科技大学学报》2005 年第 6 期。

［64］刘静玉、王发曾：《城市群形成发展的动力机制研究》，《开发研究》2004 年第 6 期。

［65］罗马俱乐部：《增长的极限——罗马俱乐部关于人类困境的报告》，李宝恒译，四川人民出版社，1983。

［66］罗巧灵等：《国际低碳城市规划的理论、实践和研究展望》，《规划师》2011 年第 27 卷第 5 期。

［67］卢东斌、孟文强：《城市化、工业化、地理脆弱性与环境质量的实证研究》，《财经问题研究》2009 年第 2 期。

［68］骆祚炎：《城镇化进程中的人口流动与城镇新增贫困人口问题分析》，《人口与经济》2007 年第 4 期。

［69］吕政等：《中国工业化、城市化的进程与问题》，《中国工业经济》2005 年第 12 期。

［70］吕彬、杨建新：《生态效率方法研究进展与应用》，《生态学报》2006 年第 11 期。

［71］马倩倩等：《基于 GIS 与 RS 的济南市　垃圾围城的现状调查与对策》，《鲁东大学学报》（自然科学版）2011 年第 27 第 3 期。

［72］马海龙：《区域治理结构体系研究》，《理论月刊》2012 年第 6 期。

［73］苗丽静：《城市化：我国知识经济的现实选择》，《城市研究》1999 年第 5 期。

［74］彭翀、顾朝林：《城市化进程下中国城市群空间运行及其机理》，东南大学出版社，2011。

［75］配第：《政治算术》，商务印书馆，1978。

［76］钱纳里等：《工业化和经济增长的比较研究》，上海人民出版社，1988。

［77］郭红燕、刘民权：《"贸易、城市化与环境——环境与发展"国际研讨会综述》，《经济科学》2009 年第 6 期。

［78］任勇：《多重危机同时肆虐地球家园 怎样用绿色新政应对?》，《中国环境报》2009 年 5 月 22 日。

［79］山田浩之：《城市经济学》，魏浩光等译，东北财经大学出版社，1991。

［80］沈体雁等：《基于 MODIS 数据的城市边界监测方法及其比较》，《测绘通报》2007 年第 1 期。

［81］盛广耀：《城市化模式与资源环境的关系》，《城市问题》2009 年第 1 期。

［82］时慧娜：《中国城市化的人力资本效用研究》，中国社会科学院研究生院博士学位论文，2011。

［83］世界自然资金会、中国环境与发展国际合作委员会等：《中国生态足迹报告 2010》，http：//www. wwfchina. org/wwfpress/publication/index. shtm。

［84］宋言奇、傅崇兰：《城市化的生态环境效应》，《社会科学战线》2005 年第 3 期。

［85］孙久文、叶裕民：《区域经济学教程》，中国人民大学出版社，2003。

［86］谭岚：《杭州城市化发展对就业增长的促进》，《经济论坛》2008 年第 12 期。

［87］汤茂林等：《立足国情、以问题为导向研究城市化 – 对推进我国城市化研究的若干思考》，《经济地理》2007 年第 27 卷第 5 期。

［88］汤为本：《论拉姆齐模型与现代宏观经济学的发展》，《中南财经政法大学学报》2004 年第 6 期。

［89］涂正革：《环境、资源与工业增长的协调性》，《经济研究》2008 年第 2 期。

［90］王恩旭、武春友：《基于超效率 DEA 模型的中国省际生态效率

时空差异研究》，《管理学报》2011 年第 3 期。

[91] 王远飞、何洪林：《空间数据分析方法》，科学出版社，2007。

[92] 王家庭、张俊韬：《我国城市化进程中的城市土地扩张问题研究》，《现代城市研究》2011 年第 8 期。

[93] 王家庭、郭帅：《生态环境约束对城市化的影响：基于最佳城市规模模型的理论研究》，《学习与实践》2011 年第 1 期。

[94] 王建凯等：《基于 MODIS 地表温度产品的北京城市热岛（冷岛）强度分析》，《遥感数据》2007 年第 3 期。

[95] 王缉慈：《增长极概念、理论及战略研究》，《经济科学》1989 年第 3 期。

[96] 王金营：《对人力资本定义及其含义的在思考》，《南方人口》2001 年第 1 期。

[97] 王金营等：《人口城镇化对人力资本和物质资本效用发挥影响的分析》，《人口学刊》2005 年第 6 期。

[98] 王思敬、戴福初：《城市化与环境》，《科学对社会的影响》1998 年第 1 期。

[99] 王俊松、贺灿飞：《转型期中国城市土地空间扩张问题研究——基于 Muth-Mill 模型的实证检验》，《城市发展研究》2009 年第 16 卷第 3 期。

[100] 王其藩：《系统动力学》，清华大学出版社，1994。

[101] 王小鲁：《城市化与经济增长》，《经济社会体制比较》2002 年第 1 期。

[102] 王妍等：《生态效率研究进展与展望》，《世界林业研究》2009 年第 5 期。

[103] 王雅莉：《城市化经济运行分析——一个城市化经济的均衡模型及其应用》，东北财经大学博士学位论文，2003。

[104] 王佃利：《城市管理转型与城市治理分析框架》，《中国行政管理》2006 年第 12 期。

[105] 王益谦等：《城镇化进程中的农村环境问题及其对策》，《西部管理经济论坛》2011 年第 1 期。

[106] 汪阳红：《区域治理理论与实践研究》，中国市场出版社，2014。

［107］魏后凯：《我国产业园区发展趋势与展望》，《湖南财政》2008 年第 1 期。

［108］魏后凯：《加速转型中的中国城镇化与城市发展》，载潘家华、魏后凯主编《中国城市发展报告 NO.3》，社会科学文献出版社，2010。

［109］魏后凯、刘楷：《镇域科学发展之路》，中国社会科学出版社，2010。

［110］魏后凯：《论中国城市转型战略》，《城市与区域规划研究》2011 年第 1 期。

［111］魏后凯：《我国城镇化战略调整思路》，《中国经贸导刊》2011 年第 7 期。

［112］魏后凯：《构建面向城市群的新型产业分工格局》，《区域经济评论》2013 年第 2 期。

［113］魏后凯：《走中国特色的新型城镇化道路》，社会科学文献出版社，2014。

［114］魏后凯、张燕：《全面推进中国城镇化绿色转型的思路和举措》，《经济纵横》2011 年第 9 期。

［115］吴小康：《垃圾围城：突围，刻不容缓》，《半月谈》2011 年第 7 期。

［116］吴智刚、周素红：《快速城市化地区城市土地开发模式比较分析》，《中国土地科学》2006 年第 1 期。

［117］卫海燕等：《城市化发展水平对生态环境压力的影响研究——以西安为例》，《地域开发与研究》2010 年第 5 期。

［118］夏海勇：《城市人口的合理承载量及其测定研究》，《人口研究》2002 年第 1 期。

［119］夏翔：《中国城市化与经济发展关系研究》，首都经济贸易大学博士学位论文，2008。

［120］肖金成：《加速：未来中国 30 年中国城市化发展趋势》，《中华建设》2009 年第 11 期。

［121］肖金成：《简论中国人口、经济和环境之间的关系》，《当代经济》2009 年第 11 期（上）。

［122］肖翔：《中国城市化与产业结构演变的历史分析（1949～2010）》，《教学与研究》2011年第6期。

［123］徐盈之、吴海明：《环境约束下区域协调发展水平综合效率的实质研究》，《中国工业经济》2010年第8期。

［124］杨斌：《2000～2006年中国区域生态效率研究》，《经济地理》2009年第7期。

［125］杨波、吴聘奇：《城市化进程中城市集中度对经济增长的影响》，《社会科学研究》2007年第4期。

［126］杨开忠：《中国城市化驱动经济增长的机制与概念模型》，《城市问题》2001年第3期。

［127］杨立华、刘宏福：《绿色治理：建设美丽中国的必由之路》，《中国行政管理》2014年第11期。

［128］姚士谋等：《中国城镇化及其资源环境基础》，北京科学出版社，2010。

［129］姚士谋、陆大道等：《中国城镇化需要综合性的科学思维——探索适应中国国情的城镇化方式》，《地理研究》2011年第30卷第11期。

［130］袁鹏、程施：《中国工业环境效率的库兹涅茨曲线检验》，《中国工业经济》2011年第2期。

［131］易鹏：《学会多"留白"——新型城镇化的思考》，《腾讯大家》2013年9月9日。

［132］曾坤生：《佩鲁增长极理论及其发展研究》，《广西社会科学》1994年第2期。

［133］张敦富：《城市经济学原理》，中国轻工业出版社，2005。

［134］张坤民等：《生态城市评估与指标体系》，北京化学工业出版社，2003。

［135］张可云等：《基于改进生态足迹模型的中国31个省级区域生态承载力实证研究》，《地理科学》2011年第31卷第9期。

［136］张继焦、李宇军.：《"垃圾围城"与西部城市环境保护的对策》，《云南民族大学学报》（哲学社会科学版）2011年第28卷第5期。

［137］张式军：《光污染——一种新的环境污染》，《城市问题》2004年

第 6 期。

[138] 张松青等：《城市化发展水平综合评价研究》，载于《中国城市发展报告 2004》，中国统计出版社，2005。

[139] 张文龙：《城市化与产业生态化耦合发展研究》，暨南大学博士学位论文，2009。

[140] 张文龙、余锦龙：《熵及耗散结构理论在产业生态研究中的应用初探》，《社会科学家》2009 年第 2 期。

[141] 张来春：《西方国家绿色新政对中国的启示》，《中国发展观察》2009 年第 12 期。

[142] 张燕：《城市群的形成机理研究》，《城市与环境研究》2014 年第 1 期。

[143] 张燕：《中国城镇化进程中生态效率的变化研究》，《工程研究——跨学科视野中的工程》2011 年第 3 期。

[144] 张燕、黄顺江：《中国推进绿色城镇化之探索》，载于潘家华、魏后凯主编《中国城市发展报告 NO.5——迈向城市时代的绿色繁荣》，社会科学文献出版社，2012。

[145] 张友志、宋迎昌：《1994～2007 年中国主要城市的规模产出效应实证研究：一个面板模型》，《地域研究与开发》2011 年第 30 卷第 1 期。

[146] 邹建国：《耗散结构、等级系统理论与生态系统》，《应用生态学报》1991 年第 2 卷第 2 期。

[147] 战明华、许月丽：《规模和产业结构的关联效应、城市化与经济内生增长——转轨时期我国城市化与经济增长关系的一个解释框架与经验结果》，《经济科学》2006 年第 3 期。

[148] 赵可、张安录：《城市建设用地、经济发展与城市化关系的计量分析》，《中国人口、资源与环境》2011 年第 1 期。

[149] 郑长德、刘晓鹰：《中国城镇化与工业化关系的实证分析》，《西南民族大学学报》（人文社科版）2004 年第 4 期。

[150] 朱平辉、袁加军、曾五一：《中国工业环境库兹涅茨曲线分析》，《中国工业经济》2010 年第 6 期。

［151］周宏春、李新：《中国的城市化及其环境可持续性研究》，《南京大学学报》（哲学·人文科学·社会科学）2010 年第 4 期。

［152］周一星：《论中国城市发展的规模政策》，《管理世界》1992 年第 6 期。

［153］中华人民共和国环境影响评价方法与规划、设计、建设项目实施手册编委会、全国人大常委会法制工作委员会经济法室：《中华人民共和国环境影响评价方法与规划、设计、建设项目实施手册》，中国环境科学出版社，2002。

［154］中国行政管理学会、环境保护部宣传教育司：《实施中国特色的绿色新政推动科学发展和生态文明建设》，《环境教育》2010 年第 2 期。

［155］中国环境保护部：《中国生物多样性保护战略与行动计划》（2011～2030 年）（环发［2010］106 号），2010 年 9 月。

［156］中国新闻周刊：《全国近 700 个城市中 2/3 已处在垃圾包围之中》，2010 年 11 月 8 日。

［157］Agras J. and Chapman D. , 1999：A Dynamic Approach to the Environmental Kuznets Curve Hypothesis, *Ecological Economics*, Vol. 2.

［158］Bandyopadhyay S. N. , 1992：*Economic Growth and Environmental Quality*：*Time Series and Cross-country Evidence*, Washington DC：The World Bank.

［159］Bao C. and Fang C. L. , 2007：Water Resources Constraint Force on Urbanization in Water Deficient Regions：A Case Study of the Hexi Corridor, Arid Area of NW China, *Ecological Economics*, No. 62.

［160］Bartone C. R. , Bernstein J. and Leitmann J. , 1992：Managing the Environmental Challenge of Mega-Urban Regions, Paper Prepared for the International Conference on Managing the Mega-Urban Regions of ASEAN Countries：Policy Challenges and Responses, Bangkok：*Asian Institute of Technology*, 30 Nov. -3 Dec. .

［161］Bertinelli L. and Strobl E. , 2003：Urbanization, Urban Concentration and Economic Growth in Developmeing Countries, *Credit Research paper*,

No. 03/14.

[162] Borghesi S. and Verceli A. , 2003: Sustainable Globalisation, *Eco. l Economics*, No. 44.

[163] BP (British Petroleum), 2011: *Statistical Review of World Energy*, http://www. bp. com/assets/bp_ internet/globalbp/globalbp_ uk_ english/reports_ and_ publications/statistical_ energy_ review_ 2011/STAGING/local_ assets/pdf/statistical_ review_ of_ world_ energy_ full_ report_2011. pdf.

[164] Brennan E. M. 1999: Population, Urbanization, Environment, and Security: A Summary of the Issues, *Enviornmental Change & Security Project Report*, Isuue 5.

[165] Calcott A. and Bull J. 2007: Ecological Footprint of British City Residents, http://www. wwf. org. uk/filelibrary/pdf/city_ footprint2. pdf.

[166] Cass D. , 1965: Optimum Growth in an Aggregative Model of Capital Accumulation, *Review of Economic Studies*, No. 32.

[167] Charnes A. , et al. , 1978: Measuring Efficiency of Decision Making Units, *European Journal of Operational Research*, No. 2.

[168] Chen M. X. , et al. , 2010: The Comprehensive Evaluation of China's Urbanization and Effects on Resources and Environment, *Journal of Geographical Sciences*, Vol. 20, No. 1.

[169] Clark C. , 1951: Urban Population Densities, *Journal of the Royal Statistical Society*, Series A (General), No. 114.

[170] Clement M. T. , 2010: Urbanization and the Natural Environment: An Environmental Sociological Review and Synthesis, *Organization & Environment*, Vol. 23, No. 3.

[171] Dietz T. and Rosa E. A. , 1997: Effects of Population and Affluence on CO2 Emissions, *Proceedings of the National Academy of Sciences*, Vol. 94, No. 1.

[172] Dinda S. , 2004: Environmental Kuznets Curve Hypothesis: A Survey, *Ecological Economics*, No. 49.

[173] Ebert U. , 1998: Ramsey Pricing and Environmental Regulation,

Bulletin of Economic Research , Vol. 50 , No. 4.

[174] Ehrlich P. and Holdren J. , 1971: Impact of Population Growth, *Science*, No. 17.

[175] Ehrlich P. and Holdren J. , 1972: *Impact of Population Growth in Population*, *Resources*, *and the Environment*, Report Edited by Riker R. G. , Washington D. C. , U. S. Government Printing Office.

[176] Fang C. L. and Lin X. Q. , 2009: The Eco-environmental Guarantee for China's Urbanization Process, *Journal of Geographical Sciences*, Vol. 19, No. 1.

[177] Fare R. , et al. , 2007: Environmental Production Functions and Environmental Directional Distance Functions, *Energy*, No. 32.

[178] Feldman M. P. and Audretsch D. B. , 1999: Innovation in Cities: Science-Based Diversity, Specialization and Localized Competition, *European Economic Review*, Vol. 43, No. 2.

[179] Geddes P. , 1915: *Cities in Evolution: An Introduction to the Town Planning Movement and to the Study of Civics.* NewYork : Howard Fertig.

[180] Groffman P. M. , et al. , 2006: Ecological Thresholds: The Key to Successful Environmental Management or An Important Concept with No Practical Application?, *Ecosystems*, No. 9.

[181] Grossman G. M. and Krueger A. B. , 1991: Environmental Impacts of the North American Free Trade Agreement , *NBER Working Paper Series*, No. 3914.

[182] He, et al. , 2008: Modelling the Response of Surface Water Quality to the Urbanization in Xi'an, China, *Journal of Environmental Management*, Vol. 86, No. 4.

[183] Henderson J. V. , 1974: The Sizes and Types of Cities, *American Economic Review*, Vol. 4, No. 9.

[184] Ho P. , 2005: Greening Industries in Newly Industrializing Countries: Asian-style Leapfrogging?, *International Journal of Environment and Sustainable Development*, No. 4.

［185］Hogan D. J. and Ojima R. , 2008：Urban Sprawl：A Challenge for Sustainability, Report for *The New Global Frontier-Urbanization*, *Poverty and Environment in the* 21*st Century*, Edited by George Martine, Gordon McGranahan, Mark Montgomery and Rogelio Fernández-Castilla, Earthscan.

［186］Holdren J. , and Ehrlich P. , 1974：Human Population and the Global Environment, *American Scientist*, Vol. 62, No. 3.

［187］ICR（International Cement Review）, 2011：*Global Cement Report*：*Ninth Edition*, Tradeship Publications Ltd. .

［188］Inmaculada M. Z. and Antonello M. , 2011：The Impact of Urbanization on CO2 Emissions：Evidence from Developing Countries, *Ecological Economic*, Vol. 70, No. 7.

［189］Jaakson R. , 1977：Urbanization and Natural Environments：a Position Paper, *Urban Ecol.* , Vol. 2, No. 3.

［190］Jacobs J. , 1969：*The Economy of Cities*, New York：Random House.

［191］Kelley A. and Williamson J. , 1984：Population Growth, Industrial Revolutions, and the Urban Transition, *Population and Development Review*, Vol. 10, No. 3.

［192］Koopmans T. C. , 1965：On the Concept of Optimal Economic Growth, *Cowles Foundation Discussion Paper*, Reprinted from Academiae Scientiarum Scripta Varia, No. 28.

［193］Lankao P. R. , 2007：Are We Missing the Point?：Particularities of Urbanization, Sustainability and Carbon Emissions in Latin American Cities, *Environment and Urbanization*, Vol. 19, No. 1.

［194］Lucas R. , 1988：On the Mechanica of Economic Development, *Journal of Monetary Economics*, Vol. 22, No. 1.

［195］Maiti S. and Agrawal P. K. , 2005：Environmental Degradation in the Context of Growing Urbanization：A Focus on the Metropolitan Cities of India, *Hum. Ecol.* , Vol. 17, No. 4.

［196］Marian R. C. , 2001：The IPAT Equation and Its Variants, *Journal of Industrial Ecology*, No. 4.

[197] McMichael A. J. , 2000: The Urban Environment and Health in a World of Increasing Globalization: Issues for Developing Countries, Report for *Bulletin of the World Health Organization*, Vol. 78, No. 9.

[198] Mills E. S. and Tan J. P. , 1980: A Comparison of Urban Popula-tion Density Functions in Developed and Developing Countries, *Urban Studies*, No. 17.

[199] Moran P. A. P. , 1948: The Interpretation of Statistical Maps, *Journal of the Royal Statistical Society* (*Series B*), Vol. 10, No. 2.

[200] Moran P. A. P. , 1950: Notes on Continuous Stochastc Phenome-na, *Biometrika*, No. 37.

[201] Morello J. , et al. , 2000: Case as Urbanization and the Consump-tion of Fertile Land and other Ecological Changes: the Case of Buenos Aires, *Environment and Urbanization*, Vol. 12, No. 2.

[202] National Round Table on the Environment and the Economy (NRTEE), 2003: The State of the Debate on the Environment and the Econo-my: Environmental Quality in Canadian Cities: the Federal Role.

[203] Newling B. E. , 1969: The Spatial Variation of Urban Population Densities, *Geographical Review*, Vol. 59, No. 2.

[204] Niekerk V. W. , 2006: From Technology Transfer to Participative Design: a Case Study of Pollution Prevention in South African Townships, *Jour-nal of Energy in Southern Africa*, Vol. 17. No. 3.

[205] OECD (Organization for Economic Cooperation and Develop-ment), 1998: *Eco-efficiency*, Report for Paris.

[206] Panayotou T. , 1993: Empirical Tests and Policy Analysis of Envi-ronmental Degradation at Different Stages of Economic Development, ILO, *Technology and Employment Program*, Geneva.

[207] Perman R. and Stern D. I. , 2003: Evidence from Panel Unit Root and Co-integration Test that the Environmental Kuznets Curve does note exit, *The Australian Journal of Agricultural and Resource Economics*, Vol. 47, No. 3.

［208］Popp D., 2006: International Innovation and Diffusion of Air Pollution Control Technologies: the Effects of NOX and SO2 Regulation in the US, Japan, and Germany, *Journal of Environmental Economics and Management*, Vol. 51, No. 1.

［209］Poumanyvong P. and Kaneko S., 2010: Does Urbanization Lead to Less Energy Use and Lower CO2 Emissions? A Cross-country Analysis, *Ecological Economics*, Vol. 7., No. 2.

［210］Ramsey F. P., 1928: A Mathematical Theory of Saving, *Economic Journal*, No. 38.

［211］Schollenberger H., et al., 2008: Adapting the European Approach of Best Available Techniques: Case Studies from Chile and China, *Journal of Cleaner Production*, No. 2.

［212］Selden T. M. and Song D. Q., 1994: Environmental Quality and Development: Is There a Kuznets Curve for Air Pollution Estimate, *Journal of Environmental Economics and Management*, Vol. 27, No. 2.

［213］Shen L., et al., 2005: Urbanization, Sustainability and the Utilization of Energy and Mineral Resources in China, *Cities*, Vol. 22, No. 4.

［214］Stern D. I., 1998: Progress on the Environmental Kuznets Curve?, *Env. and Dev. Economics*, No. 3.

［215］Stern D. I., 2004: The Rise and Fall of the Environmental Kuznets Curve, *World Dev.*, Vol. 32, No.

［216］Thanh L. V., 2007: Economic Development, Urbanization and Environmental Changes in Ho Chi Minh City, Vietnam: Relations and Polices, Paper Presented to the PRIPODE Workshop on Urban Population, Development and Environment Dynamics in Developing Countries, Jointly Organized by CICRED, PERN and CIESIN, 11 – 13th, Jun.

［217］Timothy Beatley, 2000: *Green Urbanism: Learning from European Cities*, Island Press.

［218］Todaro M. P., 1969: A Model of Labor Migration and Urban Unemployment in Less Developed Counries, *American Economic Review*, Vol. 59,

No. 1.

[219] Torras M. and Boyce J. K., 1998: Income, Inequality and Pollution: A Reassessment of the Environmental Kuznets Curve, *Ecological Economics*, Vol. 25, No. 2.

[220] Tu J. 2011: Spatially Varying Relationships between Land Use and Water Quality Across an Urbanization Gradient Explored by Geographically Weighted Regression, *Applied Geography*, Vol. 31, No. 1.

[221] Waggoner P. E. and Ausubel J. E., 2002: A Framework for Sustainability Science: a Renovated IPAT Identity, *Proceedings of the National Academy of Sciences of the United States of America*, Vol. 99, No. 12.

[222] Wang Y. G. et al., 2009: Impacts of Regional Urbanization Development on Plant Diversity within Boundary of Built-up Areas of Different Settlement Categories in Jinzhong Basin, China, *Landscape and Urban Planning*, Vol. 91, No. 4.

[223] WSA (World Steel Association), 2011: *World Steel Short Range Outlook*, http://www. worldsteel. org/pictures/newsfiles/Apr2011% 20SRO% 20ASU% 20by% 20region. pdf.

[224] Xepapadeas A., 2003: Economic Growth and the Environment, Report Prepared for *the Handbook of Environmental Economics*, edited by Karl-Göran Mäler and Jeffrey Vincent.

[225] York R., Rosa E. A. and Dietz T., 2003: STIRPAT, IPAT and Impact: Analytic Tools for Unpacking the Driving Forces of Environmental Impacts, *Ecological Economics*, No. 46.

[226] Zhang C. W., 2007: Urbanization Plays a Key Role in Affecting Labor Supply, *China Economist*, No. 1.

[227] Zheng X. P., 2007: Measurement of Optimal City Sizes in Japan: A Surplus Function Approach, *Urban Studies*, Vol. 44, No. 5/6.

后 记

近年来，我参与了多项国家发展和改革委员会地区经济司、东北振兴司、西部开发司、发展规划司、应对气候变化司、宏观经济研究院部署和国土资源部、环境保护部、民政部等其他部委委托的课题研究任务，以及省、市地方政府委托的咨询项目，其中大部分涉及新型城镇化、生态文明建设、绿色发展、低碳城市、生态城市、绿色城市（群）等相关内容，我积极承担了其中相应的研究任务，并先后到全国各地深入实地调研，为本书完成奠定了基础、积累了经验。

我要特别致谢的是我的博士生导师魏后凯教授。攻读博士学位期间，有幸参加了他所主持的国家社会科学基金重大项目《走中国特色的新型城镇化道路研究》以及其他相关的重大科研项目和学术活动，在魏后凯教授的指导下，从 2009 年开始我集中就"城镇化与环境关系"问题包括城市人口承载力、低碳城市、城镇化环境效应、城镇化绿色转型、绿色城市及绿色城市群建设、绿色治理等方面进行了较为系统的跟踪研究，促成了本书的许多成果和观点。这其中，诸多研究视角、研究思路及研究方法均离不开魏后凯教授的悉心指导。

我所在的工作单位国家发展和改革委员会国土开发与地区经济研究所提供了良好的科研环境和平台，非常感谢单位的领导、专家和同事们的关心和支持，特别是肖金成研究员、高国力研究员、汪阳红研究员、贾若祥副研究员、袁朱副研究员在本书的撰稿及日常科研工作中给予了大量的指导和帮助。

　　应该说，本书的研究成果仍然是阶段性的，还有许多不成熟的地方，诸多内容有待进一步深化和完善。

　　　　　　　　　　　　　　　　　　　　　　　　　张　燕

　　　　　　　　　　　　　　　　　　　2015 年 9 月于北京

图书在版编目（CIP）数据

绿色城镇化战略：理论与实践/张燕著. -- 北京：
社会科学文献出版社，2015.11
ISBN 978 - 7 - 5097 - 8336 - 8

Ⅰ.①绿…　Ⅱ.①张…　Ⅲ.①生态城市 - 城市化 - 研
究 - 中国　Ⅳ.①X321.2

中国版本图书馆 CIP 数据核字（2015）第 268850 号

绿色城镇化战略：理论与实践

著　　者／张　燕

出 版 人／谢寿光
项目统筹／恽　薇
责任编辑／陈凤玲　刘宇轩

出　　版／社会科学文献出版社·经济与管理出版分社（010）59367226
　　　　　地址：北京市北三环中路甲29号院华龙大厦　邮编：100029
　　　　　网址：www.ssap.com.cn
发　　行／市场营销中心（010）59367081　59367018
印　　装／三河市尚艺印装有限公司

规　　格／开 本：787mm×1092mm　1/16
　　　　　印 张：16.75　字 数：249千字
版　　次／2015年11月第1版　2015年11月第1次印刷
书　　号／ISBN 978 - 7 - 5097 - 8336 - 8
定　　价／69.00元